U0156746

藏鹀

董江天　居·扎西桑俄　著

学苑出版社

图书在版编目（CIP）数据

藏鹀 / 董江天，居·扎西桑俄著 . —北京：学苑出版社，
2024.1

（中华冰雪文化图典 / 张小军主编）

ISBN 978-7-5077-6445-1

Ⅰ . ①藏… Ⅱ . ①董… ②居… Ⅲ . ①雀形目—标本
—图集 Ⅳ . ① Q959.7-34

中国版本图书馆 CIP 数据核字（2022）第 124625 号

出 版 人：洪文雄

责任编辑：杨　雷　张敏娜

编　　辑：李熙辰　李欣霖

出版发行：学苑出版社

社　　址：北京市丰台区南方庄 2 号院 1 号楼

邮政编码：100079

网　　址：www.book001.com

电子邮箱：xueyuanpress@163.com

联系电话：010-67601101（营销部）、010-67603091（总编室）

印 刷 厂：中煤（北京）印务有限公司

开本尺寸：889 mm×1194 mm　　　1/16

印　　张：11

字　　数：150 千字

版　　次：2024 年 1 月第 1 版

印　　次：2024 年 1 月第 1 次印刷

定　　价：98.00 元

《中华冰雪文化图典》编委会

主　编： 张小军　洪文雄

副主编： 方　征　雷建军

编　委：（按姓氏笔画排序）

人类的冰雪纪年与文化之道（代序）

人类在漫长的地球演化史上一直与冰雪世界为伍，创造了灿烂的冰雪文化。在新仙女木时期（Younger Dryas）结束的 1.15 万年前，气候明显回暖，欧亚大陆北方人口在东西方向和南北方向形成较大规模的迁徙。从地质年代上，可以说 1.1 万年前的全新世（Holocene）开启了一个气候较暖的冰雪纪年。然而，随着工业革命以来人类对自然环境的破坏，"人类世（The Anthropocene）"概念惨然出现，带来了又一个新的冰雪纪年 —— 气候急剧变暖、冰雪世界面临崩陷。人类世的冰雪纪年与人类活动密切相关，英国科学家通过调查北极地区海冰融化的过程，预测北极海冰可能面临比以前想象更严峻的损失，最早在 2035 年将迎来无冰之夏。197 个国家于 2015 年通过了《巴黎协定》，目标是将 21 世纪全球气温升幅限制在 2℃ 以内。冰雪世界退化是人类的巨大灾难，包括大片土地和城市被淹没，瘟疫、污染等灾害大量出现，粮食危机和土壤退化带来生灵涂炭。因此，维护世界的冰雪生态，保护人类的冰雪家园，正在成为全世界的共识。

中华大地拥有世界上最为丰富的冰雪地理形态分布，中华冰雪文化承载了几千年来博大精深的优秀传统文化，蕴含着人类冰雪文化基因图谱。在人类辉煌的冰雪文明中，中华冰雪文化是生态和谐的典范。文化生态文明的核心价值是人类与自然之间的文化多样性共生、文化尊重与包容。探讨中华冰雪文化的思想精髓和人文精神，乃是冰雪文化研究的宗旨与追求。《中华冰雪文化图典》是第一次系统研究中华冰雪文化的成果，分为中华冰雪历史文化、雪域生态文化和冰雪动植物文化三个主题共15本著作。

一

中华冰雪历史文化包括古代北方的冰雪文化、明清时期的冰雪文化、民国时期的冰雪文化、冰雪体育文化和中华冰雪诗画。

古代北方冰雪文化的有据可考时在旧石器时代晚期到新石器时代前期。在贝加尔湖到阿尔泰山的欧亚大陆地区，曾发现多处描绘冰雪狩猎的岩画。在青藏地区以及长白山和松花江流域等东北亚地区，也发现了许多这个时期表现自然崇拜和动植物生产的岩画。考古学家曾在阿勒泰市发现了一幅约1万年前的滑雪岩画，表明阿勒泰地区是古代欧亚大陆冰雪文化的重要起源地之一。关于古代冰雪狩猎文化，《山海经·海内经》早有记载，且见于《史记》《三国志》《北史》《通典》《隋书》《元一统志》等许多古籍。古代游牧冰雪文化在新疆的阿尔泰山、天山、喀喇昆仑山三大山脉和准噶尔、塔里木两大盆地尤为灿烂。丰富的冰雪融水和山地植被垂直带形成了可供四季游牧的山地牧场，孕育了包括喀什、和田、楼兰、龟兹等20多个绿洲。古代冰雪文化特有的地缘文明还形成了丝绸之路和多民族交流的东西和南北通道。

明清时期冰雪文化的特点之一是国家的冰雪文化活动，特别是宫廷冰嬉，逐渐发展为国家盛典。乾隆曾作《后哨鹿赋》，认为冰嬉、哨鹿和庆隆舞三者"皆国家旧俗遗风，可以垂示万世"。冰嬉规制进入"礼典"则说明其在礼乐制度中占有重要位置。乾隆还专为冰嬉盛典创作了《御制冰嬉赋》，将冰嬉归为"国俗大观"，命宫廷画师将冰嬉盛典绘成《冰嬉图》长卷。面对康乾盛世后期的帝国衰落，如何应对西方冲击，重振国运，成为国俗运动的动力。然而，随着国运日衰，冰嬉盛典终在光绪年间寿终正寝，飞驰的冰刀最终无法挽救停滞的帝国。

民国时期的冰雪文化发生在中国社会的巨大转型之下，尤其体现在近代民族主义、大众文化、妇女解放和日常生活之中。一些文章中透出滑冰乃"国俗""国粹"之民族优越感，另一类滑冰的民族主义叙事便是"为国溜冰！溜冰抗日！"使我们看到冰雪文化成为一种建构民族国家的文化元素。与之不同，在大众文化领域，则是东西方文化非冲突的互融。如北平的冰上化装舞会等冰雪文化作为一种日常生活的文化实践，在东方与西方、传统与现代、精英与百姓、国家与民众的文化并接过程中扮演了重要的角色，形成了中西交融、雅俗共赏、官民同享的文化转型特点。

近代中国社会经历了殖民之痛，一直寻求着现代化的立国之路。新文化运动后，舶来的"体育"概念携带着现代性思想开始广泛进入学校。当时清华大学、燕京大学、南开大学等均成立了冰球队，并在与外国球队比赛中取得不俗战绩。1949年新中国成立后，"发展体育运动，增强人民体质"成为"人民体育"发展的基本原则，广泛推动了工人、农民和解放军的冰雪体育，为日后中国逐渐跻身冰雪体育强国奠定了基础。

中华冰雪诗画是一道独特的风景线。早在新石器和夏商周时代，已经有了珍贵的冰雪岩画。唐宋诗画中诗雪画雪者很多，唐代王维的《雪中芭蕉图》是绘画史上的千古之争，北宋范宽善画雪景，世称其"画山画骨更画魂"。国家兴衰牵动许多诗画家的艺术情怀，如李白的《北风行》写出了一位思念赴长城救边丈夫的妇人心情："……箭空在，人今战死不复回。不忍见此物，焚之已成灰。黄河捧土尚可塞，北风雨雪恨难裁。"表达了千万个为国上战场的将士家庭，即便能够用黄土填塞黄河，也无法平息心中交织的恨与爱。

二

雪域生态文化包括冰雪民族文化、青藏高原山水文化、卡瓦格博雪山与珠穆朗玛峰。

中华大地上有着世界之巅珠穆朗玛峰和别具冰雪文化生态特点的青藏雪域高原；有着西北阿尔泰、天山山脉和祁连山脉；有着壮阔的内蒙古草原和富饶的黑山白水与华北平原；有着西南横断山脉。雪域各族人民在广袤的冰雪地理区域中，创造了不同生态位下各冰雪民族在生产、生活和娱乐节庆等方面的冰雪文化，如《格萨尔》史诗生动描述的青稞与人、社会以及多物种关系的文化生命体，呼唤出"大地人（autochthony）"的宇宙观。

青藏高原的山水文化浩瀚绵延，在藏人的想象中，青藏高原的形状像一片菩提树叶，叶脉是喜马拉雅、冈底斯、唐古拉、巴颜喀拉、昆仑、喀喇昆仑和祁连等连绵起伏的山脉，而遍布各地的大大小小的雪山和湖泊，恰似叶片上晶莹剔透的露珠，在阳光的照耀下熠熠生辉。青藏高原上物种丰富的生态多样性体现出它们的"文化自由"。人类学家卡斯特罗（E. de Castro）曾提出"多元自然论（multinaturalism）"，反思自然与文化的二元对立，强调多物种在文化或精神上的一致性，正是青藏高原冰雪文化体系的写照。

卡瓦格博雪山（梅里雪山）最令世人瞩目的是其从中心直到村落的神山体系。如位于卡瓦格博雪峰西南方深山峡谷中的德钦县雨崩村，是卡瓦格博地域的腹心地带，有区域神山3座，地域神山8座，村落神山15座。卡瓦格博与西藏和青海山神之间还借血缘和姻缘纽带结成神山联盟，既是宗教的精神共同体，也是人群的地域文化共同体。如此无山不神的神山体系，不仅是宇宙观，也是价值观、生活观，是雪域高原人类的文明杰作。

珠穆朗玛峰白雪皑皑的冰川景观，距今仅有一百多万年的历史。然而，近半个世纪来，随着全球变暖，冰川的强烈消融向人类敲响了警钟。从康熙年间（1708—1718）编成《皇舆全览图》到珠峰出现在中国版图上，反映出中西方相遇下的帝国转型和主权意识萌芽。从西方各国的珠峰探险，到英国民族主义的宣泄空间，再到清王朝与新中国领土主权与尊严的载体，珠峰"参与"了三百年来人与自然、科技与多元文化的碰撞，成为世人瞩目的人类冰雪文化的历史表征。今天，世界屋脊的自然生态和文化生态保护形势异常严峻，拉图尔（B. Latour）曾经这样回答"人类世"的生态难题：重新联结人类与土地的亲密关系，倾听大地神圣的气息，向自然万物请教"生态正义（eco-justice）"，恭敬地回到生物链上人类应有的位置，并谦卑地辅助地球资源的循环再生。

三

冰雪动植物文化包括青藏高原的植物、猛兽以及牦牛、藏獒、猎鹰与驯鹿。

青藏高原的植物充满了神圣性与神话色彩。如佛经中常说到睡莲，白色睡莲象征慈悲与和平，黄色睡莲象征财富，红色睡莲代表威权，蓝色睡莲代表力量。青藏高原共有维管植物 1 万多种，有菩提树、藏红花、雪莲花、格桑花等国家一级保护植物和珍贵植物品种。然而随着环境的恶化和滥采乱挖，高原的植物生态受到严重威胁，令人思考罗安清（A. Tsing）在《末日松茸》中提出的一个严峻问题：面对"人类世"，人类如何"不发展"？如何与多物种共生？

在青藏高原的野生动物中，虎和豺被世界自然保护联盟列为等级"濒危"的物种，雪豹、豹、云豹和黑熊被列为"易危"物种。在"文革"期间及其之后的数十年中，高原猛兽一度遭到大肆捕杀。《可可西里》就讲述了巡山队员为保护藏羚羊与盗猎分子殊死战斗的故事，先后获得第 17 届东京国际电影节评委会大奖以及金马奖和金像奖，反映出人们保护人类冰雪动物家园的共同心向。

大约在距今 200 万年的上新世后半期到更新世，原始野牦牛已经出现。而在 7300 年前，野牦牛被驯化成家畜牦牛，成为人类生产、生活的重要伙伴。《山海经·北山经》有汉文关于牦牛最早的记载。牦牛的神圣性体现在神话传说中，如著名的雅拉香波山神、冈底斯山神等化身为白牦牛的说法；中华民族的母亲河长江，藏语即为"母牦牛河"。

青海藏南亚区位于青藏高原东南部边缘，地形复杂，多南北向深切河谷，植被垂直变化明显，几百种鸟类分布于此。特别在横断山脉及其附近高山区，存在部分喜马拉雅—横断山区型的鸟类，如雉鹑、血雉、白马鸡、棕草鹛、藏鹀等。1963年，中国科学院西北高原生物研究所科考队在玉树地区首次采集到两号藏鹀标本。目前，神鸟藏鹀的民间保护已经成为高原鸟类保护的一个典范。

在欧亚草原游牧生活中，猎鹰不仅是捕猎工具，更是人类情感的知心圣友。哈萨克族民间信仰中的"鹰舞"就是一种巴克斯（巫师）通鹰神的形式。哈萨克族人民的观念当中，鹰不能当作等价交换的物品，其价值是用亲情和友情来衡量的。猎鹰文化浸润在哈萨克族、柯尔克孜族牧民的生活中，无论是巴塔（祈祷）祝福词，还是婚礼仪式，以及给孩子起名，或欢歌乐舞中，都有猎鹰的影子。

驯鹿是泰加林中的生灵，"使鹿鄂温克"在呼伦贝尔草原生存的时间已有数百年。目前，北极驯鹿因气候变暖而大量死亡，我国的驯鹿文化也因为各种环境和人为原因而趋于消失，成为一种商业化下的旅游展演。费孝通的"文化自觉"，正是对禁猎后的鄂伦春人如何既保护民族文化又寻求生存发展所提出的："文化自觉"表达了世界各地多种文化接触中引起的人类心态之求。"人类发展到现在已开始要知道我们各民族的文化是哪里来的？怎样形成的？它的实质是什么？它将把人类带到哪里去？"

相信费孝通的这一世纪发问，也是对人类世的冰雪纪年"怎样形成？实质是什么？将把人类带向哪里？"的发问，是对人类冰雪文化"如何得到保护？多物种雪域生命体系如何可持续生存？"的发问，更是对人类良知与人性的世纪拷问！

《中华冰雪文化图典》丛书定位于具有学术性、思想性的冰雪文化普及读物，尝试展现中华优秀传统冰雪文化和冰雪文明的丰厚内涵，让"中华冰雪文化"成为人类文化交流互通的使者，将文明对话的和平氛围带给世界。以文化多样性、文化共生等人类发展理念促进人类和平相处、平等协商，共同建立美好的人类冰雪家园。

本丛书由清华大学社会科学学院人类学与民族学研究中心组织的"中华冰雪文化研究团队"完成。为迎接 2022 年北京冬季奥运会，2021 年底已先期出版了精编版四卷本《中华冰雪文化图典》和中英文版两卷本《中华冰雪运动文化图典》。本丛书前期得到北京市社科规划办、清华大学人文振兴基金的支持，谨在此表示衷心的感谢！并特别向辛勤付出的"中华冰雪文化研究团队"全体同人、学苑出版社的编辑人员表示深深的谢意！感谢大家共同为中华冰雪文化研究做出的努力和贡献！

张小军

于清华园

2023 年 10 月

目 录

前　言

　　在中国版图的西南部，隆起一座平均海拔超过 4000 米的世界屋脊。它耸立于欧亚大陆中部，是地球上面积最大、海拔最高的高原 —— 青藏高原，包括长江、黄河、澜沧江 — 湄公河、怒江 — 萨尔温江、雅鲁藏布江 — 布拉马普特拉河、恒河、印度河、塔里木河、阿姆河、锡尔河等亚洲 10 条大江大河都发源于此。这里多数山峰终年积雪或被冰川覆盖，收纳了世界第三大冰川群和面积最大、数量最多的高原湖泊群，其中冰川面积近 4 万平方千米，湖泊面积近 5 万平方千米。源于青藏高原的庞大水系哺育着 20 多亿人口，是名副其实的"亚洲水塔"。

　　青藏高原的气候调节作用、水源涵养与供给作用、生物多样性保护作用以及重要的碳汇功能，使其成为中华民族、亚洲东部乃至全球的生态安全屏障。

　　在青藏高原的南部，喜玛拉雅山脉众多超过海拔 7000 米的山峰中，耸立着世界最高峰 —— 珠穆朗玛峰。青藏高原北部自西向东横亘着昆仑山、阿尔金山和祁连山等众多山脉，环抱着广袤的草原。中国最大的湖泊 —— 青海湖坐落在青藏高原的东北部。青藏高原东南部，拥有着超过 6.2 万平方千米的中国最大的原始森林和 150 万平方千米的天然草场，其独特的地理环境孕育了世界上山地生物物种最主要的分化与形成区域，是一座基因多样性和特有性的天然宝库。[1]

中国科学院地理科学与资源研究所张荣祖的《中国动物地理》将中国的动物地理区划分为 2 界、3 亚界、7 区、19 亚区，其中青藏区与蒙新区同级，归属于古北界中亚亚界西部高原。青藏区包括青海、西藏和四川西部，东由横断山脉北端，南由喜玛拉雅山脉，北由昆仑、阿尔金和祁连各山脉所围绕的青藏高原，海拔平均在 4500 米以上。青藏区分为羌塘高原亚区和青海藏南亚区。

羌塘高原亚区指拥有高山森林草原 — 草甸草原、寒漠动物群，包括西藏高原、冈底斯山、念青唐古拉山、昆仑山和可可西里山脉的"羌塘高原"，并包括西喜玛拉雅山及其北麓高原；青海藏南亚区包括由青海东部的祁连山向南至西藏昌都地区喜玛拉雅山中、东段高山带及北麓谷地（雅鲁藏布江）。[2]

青海藏南亚区处于青藏高原东南部边缘，地形复杂，多南北向深切河谷，植被垂直变化明显，鸟类比之羌塘高原明显较为丰富。特别在与东洋界、中印亚界的西南区（横断山脉及其附近高山区）接壤地带，存在部分喜玛拉雅 — 横断山区型的鸟类，如雉鹑（*Tetraophasis obscurus*）、血雉（*Ithaginis cruentus*）、绿尾虹雉（*Lophophorus lhuysii*）、白马鸡（*Crossoptilon crossoptilon*）、棕草鹛（*Babax koslowi*）、藏雀（*Carpodacus roborowskii*）、朱鹀（*Urocynchramus pylzowi*）、藏鹀（*Emberiza koslowi*）等在此亚区局部分布，另有古北型间断分布的鸟种斑尾榛鸡（*Tetrastes sewerzowi*）和黑头噪鸦（*Perisoreus internigrans*），均为中国特有种。

1　朱立平：《保护青藏高原生态安全屏障》，三江源生态保护基金会《三江源生态》2020 年第 4 期（总第 26 期）。

2　张荣祖：《中国动物地理》，科学出版社，2011 年，第 170—179 页。

依据郑光美主编《中国鸟类分类与分布名录》（第三版），中国特有鸟类有71种，分别隶属于4目18科45属。[1]其中，分布于青藏高原的中国鸟类特有种50种，详见附录表4—2。

在环境中，气候、土壤、地形、生物、人为等因子构成了生物的生存条件。各种因子相互作用、相互制约，形成多样化的生存环境。[2]在雪域高原，天葬文化对高山兀鹫等食腐鸟类种群分布产生了深远的影响，农田面积的增减影响着雉鸡等生活于开阔地的鸟类分布区。在青藏高原东部灌丛、草甸与草原的过渡地带，气候变化、土地利用与放牧方式等因素共同作用于藏鹀的栖息地。

藏鹀是我国鸟类特有种之一，也是青藏高原特有的狭域分布鸟种，被列入《世界自然保护联盟濒危物种红色名录》（2021年）和《中国濒危动物红皮书》[3]，在2020年2月更新的《国家重点保护野生动物名录》中被列为二级保护动物。

在以往，有记载的藏鹀分布区仅限于青海南部玉树，西南部杂多、曲麻莱，东南部河南，以及西藏昌都地区北部澜沧江上游一带。[4]2005年夏季，我们在青海省果洛州久治县白玉乡达唐寺后山发现藏鹀及其育雏行为。以此为契机，开启了长期以民间观察员为主要力量的藏鹀分布与繁殖行为观察。

随着国内观鸟活动的推广，资讯传播、交通的日益便利，使得观鸟者和研究人员可以涉足一些更为偏远的地区。随着藏鹀记录的日益丰富，甘肃碌曲县尕海则岔国家级自然保护区的藏鹀记录于2016年

1　郑光美主编：《中国鸟类分类与分布名录》（第三版），科学出版社，2017年，第371—374页。

2　尚玉昌编著：《普通生态学》（第三版），北京大学出版社，2010年，第13页。

3　汪松主编：《中国濒危动物红皮书》，科学出版社，1998年。

4　雷富民、卢汰春：《中国鸟类特有种》，科学出版社，2006年，第613页。

5 月 4 日被报道 [1]。随后，四川阿坝州白玉县的藏鹀记录于 2016 年 8 月 18 日被报道 [2]。2021 年 5 月中旬，我们在青海果洛班玛县的一场大雪中，发现 6 只（5 雄 1 雌）藏鹀混迹于一个由 30 多只小型鸟类混群的鸟群中，在沙石路边觅食草籽。藏鹀的实际分布区比我们过去的理解有了进一步的扩展。

然而，对藏鹀的研究仍然极其有限。它是以怎样的生存策略维系极低密度的种群稳定发展至今？它在该区域鸟类群落中的地位如何？在地面营巢是由于高原游牧方式的被动选择吗？在以草甸与灌丛交汇地带作为栖息地的模式中，它将如何应对灌丛区向高海拔日益扩张的危机？人为分割草场带来的草地局部退化对它的种群稳定会否带来潜在的威胁？这些问题都有待进一步深入研究，才能让我们对藏鹀所面临的生存危机有进一步的认识。

虽然在过去的 15 年中，我们对藏鹀及其生存环境的观察，投入了大量的时间、精力，为努力寻求一些答案，但，由于认知和能力所限，与目标相去甚远。然而，依托藏鹀的发现，年保玉则生态环境保护协会随之成立，在年保玉则地区带动了一批以当地居民为主体的自然观察爱好者，冰川监测、黑颈鹤"仙女"（是一个以女性牧民为主力的黑颈鹤种群检测项目）、水獭调查、雪豹监测、垃圾管理等环境保护项目，逐渐以小组形式开展起来。正如象征人类学（symbolic anthropology）、解释人类学（intepretive anthropology）学者克利福德·格尔兹（Clifford Geertz）所倡导的，"我们不是研究村落，而是

1　马寿峰摄影：《稀有鸟种藏鹀现身甘肃湿地，十分罕见为中国特有》，《中新网·图片》2016 年 5 月 4 日，https://www.chinanews.com.cn/tp/hd2011/2016/05—04/633219.shtml。

2　吴璟：《四川甘孜首次发现藏鹀，刷新生存区最南端分布点》，《四川在线》2016 年 8 月 18 日，https://sichuan.scol.com.cn/ggxw/201608/55615392.html?isappinstalled=1。

在村落中进行研究"。以青海省果洛藏族自治州久治县白玉乡为出发点，对藏鹀这个物种的长期宣传与调查，逐渐辐射到了周边的村庄，特别是在调查员培训、基础资料积累、民间组织能力建设等方面发挥着积极的带动作用，年保玉则生态环境保护协会的牧民成员逐步发展为藏鹀信息的一线调查员，并影响、孵化出50多个环保小组，如"冲冲拉姆"、"绿绒蒿小组"等。同时，我们也发现，通过发挥民间智慧，以传统雪域文化与信仰为基础的藏文物种命名和保护、宣传策略是值得借鉴与推广的。

自2020年开始，在大理大学东喜玛拉雅研究院的指导下，我们开启对藏鹀在果洛地区的栖息地选择、鸟类群落、受威胁因素等方面的进一步研究，获得了部分基础数据。恰逢清华大学社会科学学院人类学民族学研究中心张小军教授主持编撰《中国冰雪文化图典》丛书，由耶鲁大学博士高煜芳先生引荐，我们参与其中。虽然自知能力有限，但因深感雪域青藏高原生态脆弱，急需更多的关注，我们希望通过青藏高原特有鸟种藏鹀的案例，让更多的读者了解到生态文明建设的重要性，气候变化和生态环境变化引起的动植物生存压力，同时也是全人类所面对的生存挑战。关注动植物及全人类共同的冰雪家园，是极为迫切和重要的。

作为年保玉则生态环境保护协会的主要成员和朋友，我们在这本书的编写过程中，得到国内多位专家、学者、环境保护人士的支持。感谢清华大学张小军老师，中国社会科学院何芬奇老师，大理大学东喜玛拉雅研究院肖文院长、任国鹏老师、谭坤老师、温惠同学，北京大学吕植老师，耶鲁大学高煜芳先生，西交利物浦大学李黎老师，年保玉则生态环境保护协会的果洛·更尕仓洋先生、查索·普哇杰先生、端擦·豆盖加先生、兰·求怎先生、索·昂保先生，果洛班玛县的雅格·多杰先生、阿南木达南先生、贡保九麦先生、华措格达先生，深圳市观鸟协会张高峰先生在本书的编写过程中给予的大力帮助。在过去15年的藏鹀观察过程中，深圳市观鸟协会、香港观鸟会自然保育基金、世界自然基金会中国珍稀物种保护小型基金、中国—欧盟生物多样性项目、山水自然保护中心、大理大学东喜玛拉雅研究院等机构在不同阶段提供了技术、资金支持，唐军先生提供了四川林鸮、灰冠鸦雀、白眶鸦雀和红腹山雀的照片，在此一并深表感谢！

由于我们对藏鹀生活史及周边鸟类群落等各方面的研究还未足够深入，加上编写过程比较仓促，书中难免出现不妥甚至错误之处，烦请各位读者不吝批评指正。

大理大学东喜玛拉雅研究院　董江天

年保玉则生态环境保护协会　居·扎西桑俄

2021 年 8 月于青海果洛

第一部分
和藏鹀一起走过的 15 年

在白玉乡发现藏鹀

▼ 图1-1 白玉乡

白玉乡沿俄曲河而建，乡政府所在地海拔 3703米，四周山峰海拔大多为 4000—4800 米

白玉乡是扎西桑俄的家乡。扎西桑俄 13 岁出家，经过 14 年的寒窗苦读，27 岁时考取宁玛派堪布学位。

我在北京出生，广东长大，30 岁时决定离开金融行业开始旅行，去寻找一件能让自己后半生做了还想再做的趣事。

我们于 2002 年夏天在拉萨的吉日旅馆成为邻居。和扎西桑俄在一起的还有一位大高个，老董，来自北京，他们相识近十年，此行到拉萨只为转经。扎西桑俄不太会说汉语，一身红色袈裟，一脸微笑很和善；老董一身黑衣，不苟言笑。他们俩相映成趣，每天傍晚从我门前经过，我们交流不多。在离开拉萨前的最后几日，征得他们同意后，我也跟着他们去大昭寺、小昭寺转经。此后，我们按自己的计划各奔东西。

　　2005 年夏季，在墨脱徒步 20 多天后，我再次回到吉日旅馆，每天除了睡觉、吃饭，就是晒太阳、看书、整理从林芝到墨脱行程的鸟类记录。坐在走廊的长椅上晒着太阳翻看《中国鸟类野外手册》时，一个辨识度极高的低沉男声传来："扎西，你看这个人的书上有很多鸟。"我惊喜地抬头，眼前站着穿着红色袈裟的扎西桑俄和穿着黑色衣衫的老董。

　　再次相遇后，扎西桑俄的汉语进步了许多，我的野鸟辨识能力也增进不少。寒暄之中，才得知他从小就喜爱鸟类，在寺院学习期间更是经常到山上去观鸟，并把自己所见过的鸟类都画过几遍。终于找到一个也喜欢鸟的人，他非常开心。因为藏文中对鸟类已有命名的极少，只能通过体形大小、肥瘦、羽毛颜色、有趣的行为等来描述。扎西桑俄用有限的、不太准确的汉语，连比带画地描述家乡的鸟。我根据他的描述从书上找到对应的物种时，他惊叹道："对、对，就是、就是！"有时候我们反反复复查找都不对，两个人歪着脑袋一脸疑惑，老董就露出淡淡的微笑，一边捻着佛珠，一边像欣赏两个玩闹的"小动物"。如此"交流"了几日，我们约定各自走完自己的行程后，在白玉乡相见。

　　路途艰难，到处塌方，从拉萨出发搭乘公交车辗转一个月后，2005 年 8 月初，我们在白玉乡相聚。[1]

1　董江天：《缘起藏鹀》，《人与生物圈》2017 年第 3 期。

▲ 图 1-2　白玉寺（白玉乡达唐寺）

白玉乡达唐寺，简称白玉寺，是年保玉则地区影响力较大的藏传佛教宁玛派寺院，建有佛

学院和小喇嘛学校，寺院后山是藏鸦在果洛藏族自治州被记录的第一个地点

白玉乡坐落在玛柯河[1]上游的俄曲河边，有一座大型寺院名为达唐寺，属于藏传佛教的古老派系——宁玛派，过去隶属于四川省白玉县的白玉主寺。而今随着青海省果洛藏族自治州久治县白玉乡达唐寺的日益兴旺，白玉寺系统的核心佛学院设立在这里，并依照传统，在寺院旁边修建了小喇嘛学校（高中及以下年级），加上其他诸多因素，影响力逐渐超越四川白玉县的主寺，人们也逐渐将白玉乡的达唐寺简称为白玉寺了（以下所述白玉寺均指青海的白玉寺）。

白玉寺周边有大约 100 户民居，住着的大多为本乡的居民，与寺院里的僧侣有着千丝万缕的关联，部分白玉寺的僧人就住在自己距离寺院不足 200 米的家里，而不必建造独立的僧房。这也是果洛藏区的一大特色，每户牧民都以有出家人而自豪，出家人日常生活于"世俗"的家中，出家与在家相互融合地过着宁静的日常。随着白玉寺及其佛学院影响力的日益加强，僧侣和居民都有所增长，使得这个乡的规模越来越大，逐渐吸引了一些汉族经商者的加入。乡政府所在地周边建起一所白玉乡小学和乡卫生所，民居分立一条土路两侧，将白玉寺后山与俄曲河之间并不开阔的平地挤得满满当当。

白玉乡居民聚居地的规模很小，101 县道从中心穿过，路的一侧往久治县方向，距离约 110 千米；另一侧行驶 87 千米到达班玛县，再行 30 千米到达玛柯河原始森林。站在街道上放眼望去，白玉乡背靠的是一长溜差不多高度的波浪状山脉，山顶的高度都在 4000—4300 米之间，如果把各个山顶连成线几乎是一个平台。山上植被比较简单，整体看起来是草地加稀疏的灌丛。山上挂了许多经幡，或是横拉在狭窄的沟壑两侧，或是以笔直高大的木杆固定在山顶，围成圆锥状。

这一天，我们从民居区与寺院之间的一条小路，沿着一排整齐的小白塔，来到扎西桑俄最喜欢去的观鸟点——白玉寺后山。一座约 3

---

1 玛柯河也称玛可河、玛珂河等，本文采用《班玛县志》（1996—2015）的名称：玛柯河。《班玛县志》由班玛地方志编纂委员会编，尚未正式出版。

米高的白塔坐落在狭窄的沟口，这座白塔是牧民转经的一个转角，比居民房的地势大约高30米。白塔旁边有一片平整的草地，老人家走累了就席地而坐，稍事休息。在果洛地区的风俗中，到了退休年龄的老人不需要再工作或照顾家人，而是休息、转经或做自己喜欢的事。因此，在寺院周边随处可见坐在台阶上休息或在老经堂前大草坪上磕长头的长者。

向沟内看去，目测最高的山峰与沟口的垂直高度有250—300米，右侧山顶有一座由经幡搭建的三角塔，下方是草坡，只有零星的灌丛和岩石；左侧山顶的经幡规模比较小，山坡上灌丛比右侧多，各种颜色的小花点缀在灌丛之下。从很窄的谷底沿着牦牛踩出来的小路走进去，发现谷内渐渐开阔，越向内越高，形成环抱的山势。

向内约200米处，一座从谷底隆起的小山包把喇叭形的山坡一分为二，潺潺的溪流从小山包的两侧绕行，汇集后流向谷口。

我们静静地绕过僧房，顺着牦牛路向上爬，来到一块略平整的草地上坐着休息。这里距离谷底的垂直高度大约有150米，草地上有稀疏的鲜卑花灌丛。在灌丛底部的花丛中，一只"长相奇怪"、麻雀般大小的鸟走进视线。说它"走"，是因为它并不像大多数陆地鸟类那样跳跃着运动，而是以双足轮换着，在草间行走。它的整体是像麻雀般的浅褐色，身上有些略深色的细条纹，脸上比较干净，没有麻雀腮帮子上一边一块的黑斑。除了翅膀靠肩的部位比较偏栗色，没有更显著的特征。正疑惑间，另一只让人感到惊艳的鸟儿出现了：它整个头部的羽毛由黑、白相间的宽条纹组成，在嘴角周围的羽毛以栗色点缀，前胸有月牙形的黑色条带如同戴了条餐巾，灰色的腹部把栗红色的背部衬托得更显浓艳。竟然是藏鹀！黑白脑袋的是雄鸟，刚才那只是雌鸟。惊喜之中发现，它旁边的草丛有轻微的动静，不一会儿，一只嘴角还是黄色的幼鸟从草丛中露出头来。藏鹀爸爸一边观察周边，一边缓慢地在草间行走，不时发出轻微的单音节呼唤：zi……zi……幼鸟四处张望，小心翼翼地跟随着，而它的妈妈正安心地在距离不到2米处寻找食物。

◄ 图 1-3　藏鹀幼鸟
刚出巢的藏鹀幼鸟还需要父母喂食。它早早地学会了隐藏，在浓密的草丛中以细弱的鸣叫声与父母保持联系，父母发现危险时发出警示音，幼鸟立即噤声不动

▽ 图 1-4　藏鹀（雄）
雄性藏鹀面部有着独特的黑白宽条带，前胸具有宽的月牙形黑、白色斑块，腹部灰色，背部栗红色，外侧尾羽为白色

▲ 图 1-5　藏鹀（雌）

雌性藏鹀面部特征不甚明显，只在耳羽处为淡褐色，腹部依年龄不同具有或浓或淡的细条纹，肩部羽毛呈栗色

　　当我激动得语无伦次，按捺着怦怦乱跳的心向扎西桑俄说明这是一种中国特有的珍稀鸟类时，他是比较茫然的。他说，这种鸟确实不多，看见的次数很少，不像别的鸟那么常见。他还不知道这种鸟的历史记录仅仅出现在青海的玉树州和四川的甘孜州，这是一种青藏高原特有的濒危鸟种。而我们此时身在青海的果洛州，是藏鹀分布区的新记录，而且是珍贵的繁殖记录。

　　回到驻地，我把《中国鸟类野外手册》上关于藏鹀的描述一字一句读出来，并将自己对藏鹀有限的了解逐一道来，扎西桑俄的表情也从平静、惊叹逐渐变为沉思。良久，他说："哎呀，我们都不知道！"

　　藏鹀在白玉乡的发现，激发了我们的好奇心，我们首先想去了解的是，它最早是被谁发现的？

△ 图 1-6　白玉寺后山的僧房

后山一座小山包，距离谷底大约只有 80 米，顶部有一片平整的草地，端坐着一房一院，经
扎西桑俄介绍，这是一座僧房，一位喇嘛已在此修行 30 年

△ 图 1-7　白玉寺的经幡

藏鹀在白玉乡的发现，让我们对藏鹀这个曾经遥不可及的物种的理解有了现实意义。这就要从藏鹀当时留给人们的极为有限的历史记录说起。

学者杨梅对 17 世纪至 20 世纪初期西方各国在中国的各类"探查"进行了详细整理，汇集于博士学位论文《近代西方人在云南的探查活动及其著述》中。但其中涉及鸟类的记载仅有数笔。

1868 年，时任印度帝国博物馆负责人、博物学家安德森（J. Anderson）随斯莱登使团到云南考察中缅商路，于 1875 年随英印政府探路队再次到访云南，并于 1878 年出版了《解剖学和动物学研究》，记述了在云南的两次考察中收集到的各种动物，其中鸟类 234 种。英格拉姆（C. Ingram）将安德森等人发表的种类归纳为 253 种。1920 年至 1921 年，法国博物学家图什（La Touche）在河口到昆明一带采集鸟类标本共 20 科 206 种。[1] 罗斯柴尔德（L. Rothschild）将图什等前人的记录修订、整理为 545 种。此后，吉（Gee）将各人记录的中国鸟类中，云南的鸟类归纳为 711 种，894 个种和亚种。[2] 但这些记录中没有出现藏鹀。

1904 年 5 月至 1931 年 12 月期间，英国爱丁堡皇家植物园派遣标本制作师乔治·福里斯特（George Forrest）到云南采集珍稀植物品种。福里斯特先后 7 次到云南采集标本，后几次收集了上万只鸟类和中小型兽类标本[3]，这其中也没有藏鹀的记录。

英国植物学家和探险家沃德（F. Kingdon Ward）自 1911 至 1923 年期间，数次从缅甸进入中国，北上至云南西北部、四川西部、西藏东部等地采集植物标本，同时也收集了一些鸟类和小型兽类标本，仍然没有藏鹀。

1　转引自杨梅、方铁：《近代西方人在云南的探查活动及其著述》，云南大学出版社，2011 年，第 84—85 页。

2　彭燕章等：《云南鸟类名录》，云南科技出版社，1987 年，第 2 页。

3　罗桂环：《近代西方识华生物史》，山东教育出版社，2005 年，第 148—152 页；耿玉英《杜鹃花的追求——西方采集者素描（下）》，《植物杂志》2010 年第 3 期。

1916 年 8 月下旬，美国著名的自然学家和探险家安德鲁斯（Roy Chapman Andrews），也是当时美国自然历史博物馆亚洲动物探测队的负责人，率领一支队伍由滇越铁路进入云南[1]，在西藏和西南地区、北方地区以及缅甸、蒙古和中亚其他地区进行了长达 15 年的考察。其间，在云南收集的各种动物标本中包括 800 个鸟类标本[2]，仍然没有出现藏鹀的信息。

1922 年，植物分类学教授洛克（Joseph Rock, 1884—1962）受美国农业部派遣，来中国进行农业项目考察，此后至 1949 年期间，绝大部分时间在中国度过，其间曾担任美国国家地理学会组织的云南与西藏探险队队长[3]。在长达 27 年，主要在云南、四川及西藏东南部采集动植物标本的过程中，收集鸟类标本 1600 号[4]，其中没有藏鹀的记录。

从 1848 至 1949 年，英、美、法等西方国家对中国的"生物资源探查活动"，大多集中在云南、四川、西藏、青海、甘肃等地区，而来自北方的沙俄政府则将主要目标放在寻找从昆仑山脉进藏的路线。

在被采集的鸟类标本中，藏鹀这个物种是如何走入人类视线的，其源头可以追溯到沙俄政府。在 18 世纪彼得一世时期，以攫取黄金为目的图谋占领西藏，继而从 19 世纪后半叶到 20 世纪初，以"科学考察"和宗教渗透等手段，达到其政治目的。为了寻找翻越昆仑山入藏的"阿克—塔格"道路[5]，从 1870 年到 1909 年，沙俄地理学会共派遣了 13 支考察队赴藏进行"科学考察"，曾经到达中国新疆、青海、西藏地区，最远到达离拉萨仅有 320 千米的那曲地区。[6]

1　Andrews Roy C., *Camps and Trails in China*, New York, London: D. Appleton and Company, 1918. p.81.

2　Andrews Roy C., Traveling in China's Southland，*The Geographical Review*, Vol. 6, 1918.

3　耿玉英：《杜鹃花的追求 —— 西方采集者素描（下）》，《植物杂志》2010 年第 3 期。

4　罗桂环：《近代西方识华生物史》，山东教育出版社，2005 年，第 270 页。

5　《西藏考察队著作集》第 2 册，彼得堡，1892 年，第 44 页。转引自张广达《沙俄侵藏考略》，《中央民族学院学报》1978 年第 1 期。

6　曲晓丽、程早霞：《苏俄与中国西藏关系的历史与现实》，《中国藏学》2016 年第 1 期。

1853 至 1893 年期间，旅行家、民族志学家和博物学家波塔宁（G. N. Potanin，1835—1920）多次参加或带领俄国军事考察队、俄国地理学会考察队来华考察，重点考察青藏高原东部和我国西北、西南地区。在甘肃、四川、青海一带收获的大量动植物标本中，鸟类和兽类主要由其成员贝雷佐夫斯基（M. Berezovski）负责。在 1892 年的甘肃、四川考察行程中，他们还获得了由法国传教士谭卫道此前在四川宝兴收集到的珍贵兽、鸟种类。波塔宁考察队此行共收集鸟类标本267 种，其中包括中国特有的黑额山噪鹛（*Garrulax sukatschewi*）和灰冠鸦雀（*Sinosuthora przewalskii*）等数个新种。这些记录为此后科兹洛夫的行程提供了诸多线索。

1900 年秋冬，俄国总参谋部派出的军官彼·库·科兹洛夫（清文献中写作廓泽罗伏）考察队经结古、囊谦至昌都，沿途不断袭击藏民。昌都的达喇嘛严词拒绝他们入城，迫使他们退往昌都东北的拉多，其中科兹洛夫和拉德金又从拉多窜至德格。[1] 这段历史由罗桂环在《近代西方识华生物史》中进行了详细记载，其中记录的两个地点对青藏高原的中国特有种藏鹀（*Emberiza koslowi*）和棕草鹛（*Babax koslowi*）的研究有重要意义，一是昌都当时的地名应该被称作察木多，二是科兹洛夫一行到达察木多（昌都）以北数千米的索图村[2] 时，受到西藏地方武装的阻拦，在强行通过的过程中制造了枪杀 20 余藏民的惨案，并烧毁不少房屋，引起当地居民的无比愤怒和仇恨。在知道无法继续前往察木多后，在附近考察收集了上千号鸟类标本。在藏鹀和棕草鹛定种的拉丁文名称中，科兹洛夫既记录了他在鸟类发现上的成就，也记录了沙俄对藏族人民的罪行。[3]

1904 年，俄国鸟类学家瓦伦丁·比安奇（Valentin Lvovich Bianchi，1857—1920）根据科兹洛夫带回的标本描述了鸟类新种 —— 藏鹀

1　张广达：《沙俄侵藏考略》，《中央民族学院学报》1978 年第 1 期。

2　周伟洲：《英国俄国与中国西藏》，中国藏学出版社，2000 年，第 164 页。文中称之为"琐图村"（东经约 96.52°，北纬约 31.67°）。

3　罗桂环：《近代西方识华生物史》，山东教育出版社，2005 年，第 195 页。

（*Emberiza koslowi*），除了目前鸟类学界常用的 Tibetan Bunting 为其英文名外，它还有一个较常用的英文名为 Kozlov's/Koslow's Bunting[1]。

1935 年，美国第二次杜兰考察队成员之一的德国人恩斯特·舍费尔（Ernst Schafer，1910—1992）于 4—5 月期间在湄公河和长江上游支流的村庄 Jyekundo 采集到 5 雄 1 雌共 6 号藏鹀标本，并对每个个体进行了详细测量。[2] 对于文中的地址"Jyekundo"，我们经过多方走访查证，应为现今青海省玉树藏族自治州结古镇。

藏鹀的再发现

西方对中国生物的收集活动，在为生物学发展做出贡献的同时，无疑也对我国近代生物学的发展起到了极大的刺激作用。

植物分类学家方文培在《中国植物学发达史略》一文中说，外国人"采取我国珍奇之植物标本，藏诸外国博物馆中。本国境内反不得一见。此于中国植物学虽不无贡献，然亦中国之奇耻大辱也"。中国科学院院士郑作新先生也曾经感叹："在近代史中，特别是在鸦片战争之后，外国人争先恐后成群结队前来我国各地，采集成千上万的鸟类标本，所以我国鸟类新种和新亚种的文献也几无例外地都在外国刊物发表。这对我国往后开展鸟类考察和分类研究工作实是一种很不利的因素，沦落到鉴定与系统分类都需取资于外国，我国鸟类区系的调查研究工作的进行，均遇到不少困难，进展不快，甚至无法进行。"[3]

我国近代生物学科许多开拓性的学者都曾经在西方学习，有些还

1 Josep del Hoyo, et al., Handbook of the Birds of the World.Vol.16. Tanagers to New World Blackbirds. Species Accounts 40.

2 Schäfer, E. et al., 1938. Zoological Results of the Second Dolan Expedition to Western China and Eastern Tibet,1934—1936. Part II, — Birds.p.259.

3 郑作新:《近代中国鸟类学发展史考证》,《大自然》1994 年第 4 期。

曾师从于一些研究中国生物的著名西方学者或在华办学的西方生物学教师。如主要从事鸟类学研究的郑作新先生，1926年毕业于福建协和大学[1]农科生物系，1927年和1930年分别获美国密歇根大学硕士和科学博士学位。1946年回国后，郑作新先生着手对中国鸟类进行全面、系统地考察、整理。1947年发表《中国鸟类名录》《中国鸟类地理分布的初步研究》；1960—1980年主持组织青藏高原综合考察队的生物组工作；1963年主编出版《中国经济鸟类志》；1980年当选为中国科学院学部委员，同年中国鸟类学会成立，他当选为理事长；1987年，郑作新著《中国鸟类区系纲要》问世，其英文版是中国学者用英文撰写的第一部鸟类学专著，"既是我国鸟类的权威性著作，也是世界高水平的鸟类学著作之一"[2]。

中华人民共和国成立后，在西藏交通、供应还十分困难的情况下，国家就组织了科学家们到西藏考察。"其后，在1956—1967年和1963—1972年两次国家科学发展规划中，都把青藏高原科学考察列为重点科研项目……中国科学院于1972年专门制定了《青藏高原1973—1980年综合科学考察规划》……1973年，'中国科学院青藏高原综合科学考察队'正式组成并开始了新阶段的考察工作……至1976年，首先完成了西藏自治区范围内的野外考察（部分专业的考察到1977年结束）。"[3]

1963年4—10月期间，成立仅一年的中国科学院西北高原生物研究所派出由李德浩先生等专家组成的科考队在玉树地区的昂欠、扎多、玉树、称多、曲麻莱范围开展了为期半年的考察，采集到两号藏鹀标本，为在扎多采集一只雄性藏鹀幼鸟和在曲麻莱采集一只雄性成

---

1 福建协和大学是始建于1911年的一所教会大学，是现福建师范大学和福建农林大学的主要前身。引自福建师范大学官网（2021年6月）及福建农林大学官网（2021年8月）。

2 谢仲屏：《中国鸟类的"家谱"——评价〈中国鸟类区系纲要〉（英文版）》，《中国科学院（院刊）》1987年第1期。

3 郑作新等：《西藏鸟类志》，科学出版社，1983年，第iii页。

鸟，并于6月底观察到亲鸟寻食育雏。[1]这是中国鸟类学工作者首次获得藏鹀标本。

　　然而，尽管科研人员在青藏高原的科考工作进行了13次之多，在最后集成之作的《青藏高原科学考察丛书》之《西藏鸟类志》中，关于藏鹀的描述，仍然只有只言片语。[2]藏鹀依然神秘。

　　20世纪80年代，中国的改革开放让国门再次打开。随着众多国内外鸟类爱好者和研究人员对青藏高原东部的陆续访问，藏鹀的记录越来越多地出现在四川石渠至青海玉树一带，但每一个行程报告中所见的藏鹀记录数量都只是个位数，出现两位数的报告极为有限。

　　20世纪80年代，也是中国民间观鸟活动开始发起的年代。北方有北京师范大学赵欣茹老师创建的周三课堂、首都师范大学高武教授的推动、绿家园组织的观鸟推广活动等，南方有香港观鸟会、香港米埔保护区、台北野鸟学会、广东教育学院廖晓东副教授组织的大学生观鸟会，至2000年约翰·马敬能先生等编著的《中国鸟类野外手册》[3]（以下简称《手册》）成为2002年前后爆发式增长的中国观鸟者群体人手一册的野外宝典，此时民间鸟类爱好者和野生鸟类摄影师群体在全国范围萌芽、茁壮。

　　2000年后，也是互联网飞速发展的时代，各种资讯得以迅速地在各地互通。"中国观鸟记录中心"和"中国野鸟图库"在2002—2004年期间，由观鸟者中的互联网工程师、资深鸟友组成的小团队建立起来，这对当时的民间观鸟活动起到了助推作用。

　　2005年夏天，当我们在白玉乡发现藏鹀及其繁殖迹象后，第一时间想到的也是到这两个数据库和《手册》上查找资料，然后再顺藤摸瓜，追溯更早的记录和文献。

1　李德浩、郑生武、郑作新：《青海玉树地区鸟类区系调查》，《动物学报》1965年第17卷第2期。

2　郑作新等：《西藏鸟类志》，科学出版社，1983年，第346页。

3　约翰·马敬能、卡伦·菲力普斯、何芬奇：《中国鸟类野外手册》（中英文本），湖南教育出版社，2000年。

当我们通过查寻数据库和《手册》后，能够获得的藏鹀资料也就寥寥数笔，让我们不禁想到一个问题：在白玉乡乃至果洛州，还有多少"不为人知"的珍稀鸟类呢？

那一年，扎西桑俄正在担任白玉寺书记员的工作，负责白玉寺系统重大事件的史实记录。很自然地，在他的期望中，如果能把白玉寺管辖范围内的鸟类都调查清楚，让牧民们了解家乡的动物，从而保护动物，是一件很大的功德。我们在久治县白玉乡和班玛县玛柯河林场（班玛林场）做快速调查的 15 天里，这个想法在脑海中逐渐清晰。

果洛地区鸟类初探

从藏传佛教各派系的管理层面而言，宁玛派白玉寺系统辖区包括四川省阿坝藏族羌族自治州的黑水、理县、马尔康、金川、红原；甘孜藏族自治州的白玉县；青海省果洛州的班玛、久治、甘德、达日、玛多县；青海玉树藏族自治州曲麻莱、海南藏族自治州同德、海西蒙古族藏族自治州都兰范围内的宁玛派寺院。

扎西桑俄在考取堪布学位后，先根据白玉寺系统教育管理模式的惯例，留在佛学院担任了三年教师，继而担任寺院书记员，负责记录与寺院及辖区范围内居民有关的重大事件。由于自幼喜爱动物，特别是鸟类，在佛教典籍及藏族历法等文献中有关物候的记录引起了他的特别关注。

虽然白玉地区的僧人和牧民有着一种"天然"的对动物的喜爱，却没有其他人像扎西桑俄那般热衷于对鸟类的观察，正如我们在拉萨再次相遇时，他说的那句话："我从来没有想到还会有人像我那么喜欢鸟。"

在白玉寺后山，那只全身褐色，胸前一片橘黄的小鸟是鸲岩鹨，它在冬天山上结冰的时候会跑到山脚下的水房那里喝水。黑头黑背红

△ 图 1-10　鸲岩鹨（雌雄同色）

鸲岩鹨是果洛地区的留鸟，一年四季活动于灌草丛生境，是最常见的鸟类之一

肚子的是赭红尾鸲，它是每年最早回到白玉乡的小型鸟，大概 3 月份它就来了，那时候会发出"咝 —— 咝 ——"的叫声，听起来感觉特别冷，而且那是一年中天气最冷、牧草最少、小牦牛最容易死亡的时段，所以牧民们不太喜欢它……。每一种鸟儿都有它的故事，扎西桑俄娓娓道来。于是，每当我们看到一种鸟，就从《手册》上找到对应的图，琢磨它与相似鸟种的样貌不同之处，查看书上对习性的描述，取得一致意见后确认鸟的中文名称。扎西桑俄一边讲它的故事，时不时在随身携带的小笔记本上仔细记录着它的藏文备注、"画"出它的汉语名称以及在书上对应的编号。

　　如此这般，在十多天的野外观察过程中，我们约定了一套比较顺畅的"沟通"方式。共同的目标促使我们迅速地确定了接下来的行动步骤和分工：

△ 图 1-11　赭红尾鸲（上雌、下雄）

赭红尾鸲在果洛地区是夏候鸟，也是繁殖季节最常见的鸟类之一

1. 先把他过去画过的鸟类整理出来。扎西桑俄出于对鸟类的喜爱，加上在佛学院期间修习藏传美学，已经将白玉乡常见的二十多种鸟类画了三遍。

2. 我来制作一份用于日常记录的表格，列出《手册》上的鸟种编号、中文名称、藏文描述（由扎西后续补充）[1]、数量、备注、日期、地点等，用于扎西桑俄做日常的记录和汇总。

3. 深圳鸟会的网站管理员张高峰负责把中国野鸟图库的电脑本地版安装到扎西桑俄的电脑里，方便他通过照片辅助查对《手册》上的鸟种图鉴。

4. 由我代表深圳鸟会，向香港观鸟会自然保育基金申请一个年度的经费，用于支撑在白玉乡和玛柯河林场的鸟类调查支出，并由我负责购买望远镜、书籍资料、项目申请、定期到白玉乡整理记录及撰写项目报告书等对外联络和衔接工作。

5. 由扎西桑俄负责在当地的日常观察和记录，从身边人开始发动亲友参与鸟类观察、收集鸟类信息，争取获得白玉寺管理层的理解和支持，以便于以后可以长期开展鸟类调查及保护工作。

于是，结束白玉乡的行程后，我们分头行动。

2006 年度，扎西桑俄牵头的"白玉寺观鸟小组"得到香港观鸟会自然保育基金资助，由深圳观鸟会提供技术支持，在果洛州白玉寺辖区内开展鸟类调查。资助方充分考虑到当时交流、交通不畅的情况，也以颇为宽容的态度看待高原野外调查的困难和人力不足等多方面问题，没有硬性规定必须遵守标准的野外调查要求，而只是提出"能做多少算多少"，这在很大程度上鼓励了扎西桑俄的积极性，打消了他的顾虑。

---

1 2005 年前，大多数鸟类没有藏文名称。也是从 2005 年开始，扎西桑俄开始设想为藏地鸟类逐一命名。

有了第一笔项目启动资金，2006年2月17日，经扎西桑俄向白玉寺申请获得同意，将白玉寺后山划为鸟类保护小区，重点保护藏鹀。同年5月15—30日，我、扎西桑俄及果洛·周杰（也是白玉寺喇嘛）一起，再次以久治县白玉乡及班玛县玛柯河林场为重点进行摸底调查，并掌握了一些基础数据。[1]

△ 图1-12 白玉乡夏季牧场
黑牦牛帐篷搭建在鄂木措神湖旁

▷ 图1-13 "护卫"塔
年保玉则神山的东、南、西、北四个方向分别有一座塔，起"护卫"作用，四座塔的颜色不同，东白、南黄、西红、北绿，象征息业、增业、怀业、诛业（四业），这座位于北方的"护卫"塔原本为绿色，时光将它修饰成为现在的模样

───────────────

1　董江天，居·扎西桑俄：《中国自然保育基金：青海果洛鸟类调查》（未发表），香港观鸟会，2006年。

扎西桑俄的鸟类观察记录均以藏文记载，使用的也是当地民间的鸟类名称。我们在果洛调查期间采取对照他此前的手绘作品、实地观察、分析野外辨认特征、描述生活习性及对照《中国鸟类野外手册》[1]图鉴及说明等方式，逐一核对记录。2005年8月至2006年5月，共记录鸟种136种（包含11目30科81属），其中：

CITES（华盛顿公约）：附录等级1级1种为黑颈鹤；
2级9种为雕鸮、胡兀鹫、高山兀鹫、秃鹫、林雕、金雕、猎隼、游隼、黑鹳。

RDB（中国濒危物种红皮书）：R（稀有）6种为雕鸮、高山兀鹫、林雕、猎隼、游隼、藏鹀；E（濒危）2种为黑颈鹤、黑鹳；V（易危）4种为血雉、胡兀鹫、秃鹫、金雕。

▲ 图 1-14　黑颈鹤
黑颈鹤为国家一级保护动物，在年保玉则山区的湿地繁殖，自2011年开始至今的监测显示，有稳定的16个繁殖家庭

1　[英]约翰·马敬能、卡伦·菲力普斯等：《中国鸟类野外手册》，卢何芬译，湖南教育出版社，2000年。

PROT（列入中国重点保护名录）：P（列入二级保护）
14种为藏雪鸡、血雉、雕鸮、领鸺鹠、纵纹腹小鸮、黑耳鸢、
高山兀鹫、秃鹫、雀鹰、大鵟、林雕、红隼、燕隼、游隼；
I（列入一级保护）6种为斑尾榛鸡、黑颈鹤、胡兀鹫、金雕、
猎隼、黑鹳。[1]

　　在鸟类多样性调查的同时，藏族传统文化中对物候的记录、当地
居民生活方式与动植物之间的关联也颇具吸引力，这些信息往往能帮
助我们理解自然环境、动植物与牧民之间的相处模式。
　　例如，在物候信息的收集过程中，我们发现，随着市场对虫草、
贝母等优质药材以及对牦牛加工产品的需求大大增加，传统的药材挖
掘方式、牦牛的轮牧方式和产品销售渠道开始悄然变化。白玉乡所在
地的街道上开始出现简陋的旅馆和饭店用于接待收购药材、牲畜的商
贩，对药材的采挖量开始突破"只挖够用的量"，部分本应处于休养
期的冬季牧场中出现了放牧行为，牧场上越来越多地出现被雇佣来挖
药材的外地人，而不再像从前由本地牧民自己动手。大量的挖掘工作，
特别是贝母的非传统的、灭绝式的挖掘方式直接导致了草场的破坏。
　　这些白玉乡正在经历的变化，都被我们收录到年度工作报告里。
　　出于对我们2006年度基础调查工作的认可，香港观鸟会自然保
育基金继续提供资金支持，在2007年度继续开展鸟类摸底调查的同
时，印制了一套"年保玉则鸟类和哺乳动物"海报。这套海报初期从
寺院系统发出，被热爱动物的僧人们张贴在寺院内，由此引起更多牧
民的关注，后来许多牧民愿意以10元一张购买海报，张贴在自家帐
篷内。牧民的购买不仅为接下来的鸟类调查提供了少量资金来源，更
让扎西桑俄和逐渐聚集在他身边的朋友们看到了大家的认可。

1　为截至2006年的各项指标，当时藏鹀还未被列入国家保护动物名单，在2021年2月颁布的国家重点保护动物名录中，藏鹀被列为二级保护动物。

△ 图 1-15　纵纹腹小鸮

纵纹腹小鸮常常居住在牛粪墙的空隙中

▷ 图 1-16　牧民骑牦牛放牧

在交通不便的山区、高原湿地牧场还保留着骑马放牧的方式，但传统中骑牦牛放牧的场景已经非常罕见。现在，只要是通路的牧场，牧民骑摩托车或开汽车放牧

　　2007 年，年保玉则生态环境保护协会（以下简称年措协会，年措是年保玉则的藏文发音）正式注册成立，协会成员队伍逐渐壮大。然而，鸟类调查员的培养不仅需要个人的兴趣、时间、精力的付出，还需要时间的积累。如果继续扩大调查范围，人力和物力都难以支撑。我们决定缩小调查范围，把重点放在查清在白玉乡有哪些地方有藏鹀。

藏鹀在白玉乡的分布调查

2005 年夏季至 2007 年夏季两个年度的鸟类基础调查中，我们主要覆盖的区域包括青海果洛州的久治县白玉乡、哇尔依乡、索呼日麻乡和班玛县的县城周边及距离县城 60 千米（距离白玉乡约 140 千米）的玛柯河林场，以及四川阿坝州的阿坝县周边。

2007 年 4 月至 12 月，由深圳观鸟会和年措协会（包括筹备期间）联合向世界自然基金会（北京）的"中国珍稀物种保护小型基金"项目提出申请，扎西桑俄、我（代表深圳观鸟会）及果洛·周杰等年措协会成员在果洛州久治县范围开展了为期 9 个月的藏鹀分布调查，并综合 2005—2007 年的鸟类摸底调查，锁定 7 个重点区域共实施了 36 次跟踪调查，于 2007 年 8 月 15 日首次在白玉乡找到一个藏鹀巢，记录到一雄一雌和 4 枚卵。

通过 2005 年 8 月至 2007 年 12 月为期 28 个月的连续观察，藏鹀的一些基本习性逐渐清晰。

藏鹀在冬季集群，5—8 月期间分散活动，在此期间有明显的占域行为。它们通常会选择一条较为宽阔的沟谷（汇水区上游）中的狭窄小沟（冲沟）作为夏季繁殖地。一条小的冲沟一般只有一对成鸟，一条较大的冲沟（向内为喇叭形，较为宽阔）最多也只有两对成鸟，偶尔会遇见藏鹀家族中有未成年的个体在同一片区域里活动。藏鹀的成年雄鸟尾下覆羽为淡棕红色，而一岁左右的亚成鸟这个部位的羽色为灰白，与腹部颜色接近。因此，只要在不同的小型冲沟内确认有藏鹀就能根据羽色区分大多数个体，而在喇叭形的大型冲沟内则需确认有没有另一个家庭。以此方法，2007 年 4 月 4 日记录的 1 群 19 只，加上 10 月 24 日记录 14 雄 11 雌 8 亚成鸟共 33 只，为藏鹀这个物种自 1904 年被定种至 2007 年为止，在非繁殖季节记录到的最大的两个群体。[1]

---

1 董江天:《缘起藏鹀》,《人与自然圈》2017 年第 3 期。

藏鹀项目小组于 2009—2011 年在青海省林业厅和山水自然保护中心的协助下，继续开展藏鹀研究，主要内容包括两个部分：一是藏鹀的分布，在青海、甘肃和四川三省的 23 个县范围内抽样调查；二是藏鹀的繁殖生态和生活史。研究地点位于青海果洛州久治县的白玉乡[1]。

在针对分布范围的调查中，以寻找适宜生境、植被结构、地形地貌为重点，记录遇见藏鹀区域的生境要素，辅以社区访谈汇总信息加以甄别，对藏鹀的分布区进行初步评估和描绘。

藏鹀选择的栖息地要素有四：其一为有零星灌丛或只有零星矮灌的阳面草坡，这个区域通常被用作繁殖期活动范围，是巢址选择的必然要素之一；其二为附近有灌丛，或稀疏灌丛向灌草丛至浓密灌丛的过渡地带，这片山坡通常处于阴面，为繁殖前、后期利用较多；其三是在阳面草坡与阴面灌丛及灌草丛山坡之间的冲沟，中段至上段渗出流水的区域，在略平缓处通常有碎石块自然形成的"澡堂"，为藏鹀夏季中午饮水、洗澡提供了适宜的条件；其四是藏鹀在夏季繁殖期间的活动范围多集中在狭窄冲沟的中段，极少出现在谷底的牧户周边，也未曾出现在山脊附近。但，冬季，特别是天降大雪时，会活动于牧户及牛圈周边，在极寒的天气中，也会躲进牧民堆积在院内的草料堆里避寒。总之，藏鹀活动的范围与牧民的冬季牧场范围大面积重合，即有藏鹀分布的沟谷基本上都是冬季牧场，但，并不是所有的冬季牧场都有藏鹀。例如，在哇尔依乡和索呼日麻乡的垭口向海拔较低处的筛查工作中，可以清晰地观察到垭口附近的冬季牧场范围内，完全是高山草地的冲沟没有藏鹀，直至海拔降至一侧灌丛覆盖率达到 50% 左右的冲沟，才会出现藏鹀。可见，植被、日照、清洁的水源对藏鹀而言，是选择繁殖期栖息地的重要因素。

在白玉乡的藏鹀栖息地，除了多种禾本科植物种子是藏鹀非繁殖期必备的食物以外，灌丛也必不可少。主要植被为山生

1 居·扎西桑俄、果洛·周杰：《藏鹀的自然历史、威胁和保护》，《动物学杂志》2013 年第 48 卷第 1 期。

柳（*Salix oritrepha*）、窄叶鲜卑花（*Sibiraea angustata*）、草原杜鹃（*Rhododendron telmateium*）、拉萨小檗（*Berberis hemsleyana*）、蓝翠雀花（*Delphinium caeruleum*）、牛耳风毛菊（*Saussurea woodiana*）、麻花艽（*Gentiana stramiea*）、乳白香青（*Anaphalis lactea*）、珠芽蓼（*Polygonum viviparum*）、齿被韭（*Allium yuanum*）、凸额马先蒿（*Pedicularis cranolopha*）、草玉梅（*Anemone rivularis*）等。

山生柳

窄叶鲜卑花

草原杜鹃

拉萨小檗

蓝翠雀花

牛耳风毛菊

麻花艽
乳白香青
珠芽蓼
齿被韭
凸额马先蒿
草玉梅

△ 图 1-17 藏鹀栖息必备植物

在白玉乡进行藏鹀重点监测的 7.4 平方千米范围内，2007 年录得 33 只、2008 年 21 只、2009 年 18 只、2010 年 23 只，是较为稳定的繁殖种群。

藏鹀项目组于 2013 年发表了题为《藏鹀的自然历史、威胁和保护》的论文，为中国第一篇关于这个物种的学术论文。[1]

---

1 居·扎西桑俄，果洛·周杰：《藏鹀的自然历史、威胁和保护》，《动物学杂志》2013 第 48 卷第 1 期。

缘起藏鹀的年措协会

　　果洛地区鸟类调查和藏鹀分布与繁殖调查等项目，在很大程度上凝聚了喜爱动植物，或是关心家乡环境变化的成员，许多牧民和僧侣希望贡献力量，纷纷加入协会。

　　协会的人员是以扎西桑俄为核心的僧侣和人数日渐增长的牧民。无论是僧侣还是牧民的骨干，主要是扎西桑俄一起成长的朋友、同学或亲属，并逐渐由骨干成员带动起他们的亲朋好友加入团队，这些人中有的后来成了协会各个分支项目的主力，如加入藏鹀调查项目的果洛·周杰（数年后转向雪豹监测项目，被誉为"雪豹喇嘛"），专爱昆虫的独甲·土巴，负责水獭调查的查索·普哇杰，综合项目的主力之一端擦·豆盖加，偏好植物的措·乐旺、荣·华科和蓝·求怎，等等。

　　僧侣和牧民组成的工作团队有优势也有不确定因素。优势主要体现在大家都是乡亲，容易沟通。特别是协会有要务需要召集人手时，家属们也能理解并配合。比如，某位会员的妻子在一次聚会中说："他啊，一接到协会的电话，连饭都不吃了，说协会有事，我得马上去，丢下饭碗就跑了。"此外，僧侣完成学业和阶段性的修行后，可以自由掌握私人时间，能投入协会项目中的时间也就增多，如，现任会长更尕仓洋，投入了大量的时间、精力用于协会日常管理、资料汇

△ 图 1-18　年措协会出版的书籍图册

总、出版物的排版等工作中。

但是，协会成员中的牧民群体大多为男性，他们通常需要承担放牧、采药工作才能维持家庭的稳定收入，并且一年两次的冬、夏季牧场搬迁也是离不开男性劳力的。因此，大多数时间里，牧民成员分散在各自的牧场从事传统劳作，一旦协会开展有资金来源的项目，能够在一段时间内提供基本的收入，协会成员的家属也是愿意承担增加的工作量的。但如果纯粹义务帮忙而将工作留给家属，则难以持久。对协会成员和管理者而言，这也是必须考虑的因素。

协会主力成员松散的性质和不稳定的资金来源，意味着培养骨干和调查员的节奏和效果都比较缓慢而缺乏保障。

来自协会自身的问题还体现在藏、汉语言不通。尽管协会于2007年12月24日获得了久治县主管单位批准的证件正式挂牌成立，但依然没有人能够撰写项目申请书、财务证明、工作报告等汉语文书。在此期间，"山水自然保护中心"的李黎和于璐提供了大量帮助。

还有一些困扰来自外部。由于交通不便、交流不畅等诸多因素，协会与外界的沟通比较受限制，有部分资助单位对项目的步骤、期限、附加条件等各方面的要求没有完全解说清楚，因而时常出现协会工作内容与资助单位的要求有偏差、报告需要反复修改、不在理解范围内的"意外"行程安排等，对协会管理人员而言，是比较大的压力。突出地表现在时间、精力的分配不合理，真正用于项目内容的时间不足，这种困难在协会成立后的数年中都比较突出。

然而，就是在种种困难中，年措协会的骨干们凭借惊人的毅力努力学习汉语、吃力地适应着项目方的要求。扎西桑俄为了能够尽快听懂项目主管方的意见，决定采用一个"聪明"的办法，用藏汉双语的《西游记》光盘来帮助学习汉语。每一集先看一遍藏语版，再看汉语版，反反复复看个几十遍。当山水自然保护中心的创始人吕植教授来协会考察时，他却仍然大部分都听不懂，因为吕植老师讲的话里没有《西游记》的台词。

2009年7月，扎西桑俄应邀到北京参加第23届国际保护生物学大会，并获得主办方给予的 8 分钟演讲机会，在吕植老师的学生王放的帮助下准备好了演讲的演示文稿。为了这次演讲，他把演示文稿中的汉文音译成藏文，背了 15 天，并每天在吕植老师和学生面前演讲，在大会上一秒不多一秒不少地用了 8 分钟流利地演讲完毕。对于这个"大和尚"而言，这份狠劲不亚于他当年为了考取堪布而"吃"掉一整本藏文辞典。[1]

更尕仓洋是与扎西桑俄一起长大的"发小"，有趣的是他们求学的道路却不一样。扎西桑俄选择到宁玛派寺院学习，而更尕仓洋则选择了甘肃夏河的格鲁派拉卜楞寺。不同的派系一点也没有阻碍他们之间的情谊，也没有影响他们不分伯仲的毅力。

协会计划印制的第一本册子是《藏鹀观察记录》，目的是记录自 2005 至 2008 年期间对藏鹀的观察和思考，也是对藏鹀研究的阶段性总结。为了节省经费，更尕仓洋和扎西桑俄决定利用冬季不便于出门的时段，自己排版。在只会使用 Microsoft Word 中少量功能的情况下，头天排好的版面第二天打开时又乱了，无数个日夜的无数次重复排版，却让更尕仓洋回首往事时感叹"塞翁失马，焉知非福"。从此以后，从 Word 升级到 Photoshop，更尕仓洋和后来加入协会的普哇杰，都成了排版的好手，协会的出版物全部自行排版，不仅自己多具备了一项技能，还为协会节约了不少资金。

正是在坚定的信念和超凡的智慧中，从藏鹀的发现开始，经过不断尝试和纠错，年措协会 100 多名成员努力开拓出适应本土需求的项目和作品。总结协会的成长大事件如下：

2005 年，在白玉寺后山发现珍稀物种藏鹀。

2006 年，成立"扎西观鸟小组（白玉寺观鸟小组）"，

首次开展自然保护项目，调查藏鹀的数量和分布，从此，开

---

1 在扎西桑俄准备参加堪布学位考试的过程中，曾经背诵完整本藏文辞典，为了促使自己努力记忆，每背完一页就吃掉那一页，如此吃掉了整本辞典。

△ 图 1-19　藏鹀唐卡

启了持续多年的藏鹀研究与保护项目，研究成果曾在《动物学杂志》发表。

2007年，发起"大渡河源头保护小组"，首次组织捡垃圾活动；12月24日，"年保玉则生态环境保护协会"正式在久治县民政局注册成立。

2008年，与牧民合作在白玉乡建立藏鹀保护小区，牧民承诺保持传统轮牧方式，保护繁殖季节的鸟巢免受牛羊踩踏。

2009年，与班玛县灯塔乡牧民合作建立白马鸡保护小区，带动当地僧人和牧民成立白马鸡保护小组；组织拍摄年保玉则区域植物370种，出版《年保玉则野外花卉图册》；首次举办"花儿的孩子"青少年自然教育活动，带领白玉小学的孩子在夏季回到牧区认识家乡的植物。

2010年，启动年保玉则1500平方千米范围的雪豹种群调查和监测项目，深入探索雪豹与牧民之间的关联；成立"乡村之眼"影像工作团队，从牧民视角记录传统文化与环境变迁。

2011年，与23座寺院活佛联合确立藏鹀为年保玉则神山的神鸟；建立藏区首个以妇女为主导的"黑颈鹤仙女"动物保护团队，持续监测、保护在年保玉则地区湿地繁殖的国家一级保护动物黑颈鹤；32名协会成员获得三江源国家级自然保护区授权，成为社区管护员；启动水源保护项目，开始收集、整理与水源保护相关的传统文化；首次举办"乡村之眼"电影节。

2012年，开展年保玉则植物多样性本底调查，记录、拍摄、鉴定540种植物并制作标本，请各地植物专家从传统文化、藏医以及植物学的角度鉴别植物。

2013年，主办"年保玉则论生态：传统与现代的对话"自然保护论坛，邀请400多名藏地佛教领袖、国内外知名专家学者、民间环保人士出席会议，会后年保玉则地区六大教派的活佛和堪布在各地寺院向周边群众开展保护宣传，全面、有效地提升全区保护意识；针对雪豹与牧民的冲突进行考察，编印汉藏对照版《雪豹·高原的精灵》。

2014年，出版《保护水源藏文古籍总集》共5卷，对藏地传统文化中关于水源保护的习俗进行详尽的整理，并开展保护宣传；在三江源国家级自然保护区管理局指导下，"年保玉则宣教中心"挂牌成立。

2015年，带动年保玉则地区26个寺院活佛、堪布带头捡垃圾，发行《论垃圾》手册及光盘，促成年保玉则区域成立20多个民间环保小组开展垃圾分类与处理；《牛粪》等20多部"乡村之眼"影视小组作品在天津电视台播放，促进内地观众对藏区环境问题的了解。

2016年，与当地职业学校合作，在课程中融入生态保护与山水文化，培养生态导游。

2017年，启动年保玉则地区鸟类100种3分钟视频拍摄项目，建立影像资料库；参与全国燕子调查项目，对燕子分布情况进行初步摸底；应玉树州杂多县政府邀请，协助规划杂多县昂赛乡国家公园深度旅游线路；开展野外巡护员培训。

2018年，出版藏汉英《藏区旅游不可不知的200事》手册；开展久治绿绒蒿种群分布调查，成立久治绿绒蒿青少年保护小组；出版《青藏高原山水文化（年保玉则志）》[1]。

2019年，出版《三江源生物多样性手册》藏汉双语版[2]；收集整理《藏区野生生物传说故事》藏文电子版；成立"子须[3]生态专业合作社"。

1　年保玉则生态环境保护协会：《青藏高原山水文化（年保玉则志）》，中国藏学出版社，2018年。

2　年保玉则生态环境保护协会：《三江源生物多样性手册》，西藏藏文古籍出版社，2019年。

3　"子须"为藏鸦的藏文名称发音。

图 1-20 "鸟儿的孩子们"青少年教育活动

2020 年，与藏区多所医院合作，上百名藏医参与"三江源自然观察培训"，了解药用植物面临的威胁以及过度开采对生态环境造成的破坏；与果洛州教育局合作，制作 200 个生物教学短片，传播动植物传统文化与科学知识；与社区百姓、动物学家合作开展红外相机监测年保玉则大型食肉动物项目，研究猛兽与牧民的共存关系；应黄南藏族自治州泽库县青藏生态文明博物馆邀请，制作 500 种植物标本；启动藏鹀繁殖地鸟类群落调查。

第二部分
2020 年藏鹀观察记录

　　2020 年初，怀揣着对藏鹀生存模式的诸多疑问，在大理大学东喜玛拉雅研究院向各学科的老师们汇报了过去十多年我们针对藏鹀的观察结果以及困境，各学科的老师从不同角度对下一阶段调查工作提出指导意见。于是，我再次踏上去往白玉乡那条熟悉的路。此行之前，与扎西桑俄、更尕仓洋商议，根据现有的人员和资金，深入研究一个物种，还只能循序渐进，每年解决一个小问题。这一年，由于协会承接了很多工作，无法调动人手帮忙。在人手不足的情况下，也许需要用 3—5 年时间才能比较接近我们的目标。与我的指导老师大理大学东喜玛拉雅研究院谭坤博士说明情况后，我们决定，把目标锁定在调查藏鹀繁殖期生境的鸟类群落。

　　虽然无法在很短的时间内学会所有对藏鹀研究有用的知识，但，可以用日记的方式尽量详细记录所见所闻、所思所想，那么以后有机会时就能查阅日记寻找线索了。

　　2020 年 7—9 月，针对藏鹀繁殖地鸟类群落的调查范围锁定在白玉乡的 15 条冲沟，共进行 3 轮调查。

7月19日，俄拉沟多处塌方，俄木龙沟调查提前

今年雨水多，小规模的塌方随处可见，俄拉沟的路被冲断，调查只能延后。好在俄木龙的路况看起来暂时是安全的。几处排水涵洞旁边的泥土流失也比较严重，因涵洞本身是水泥制成没有受损，刚好够一车通过。

露水很重，山势太陡，接近50度，花花草草遮盖了本就很窄的牦牛路，走起来需小心翼翼，拧着一股劲，颇费腰力。在陡坡上爬升了100多米后，隐约听到藏鹀细弱的鸣叫声[1]，来自前方山坡的凹陷处。

这个季节，藏鹀喜欢在由各种鲜花、"嘎"草[2]及金露梅等低矮灌丛组成的、较茂密且有很强的隐蔽性的草地上觅食。

从一道隆起的小山脊中段横切过去，前面的山势更为陡峭。在冲沟的回旋处，两声微弱的叫声从后方传来，是典型的鹀类的叫声。用望远镜向上搜索，在山包凸起处下方的灌丛顶上，一只雄性藏鹀正在观望、鸣叫。

今天的这只藏鹀雄鸟没有发出繁殖期典型的鸣唱，而只是发出联络音，那么，雌鸟会不会就在附近？这种变化是否预示着开始进入筑巢阶段呢？

根据过去数年的观察，藏鹀的繁殖期比戈氏岩鹀（*Emberiza godlewskii*）略晚。今天早上，院子旁边的草地上有一只刚离巢的戈氏岩鹀雏鸟正蹒跚而行。但是从6月24日开始的观察，至今仍然没有观察到任何一只藏鹀衔草的举动。

注意力回到灌丛顶的这只雄性藏鹀，它鸣叫了约15秒后，跳落灌丛下的草地。我从山坡下方看，不见了它的踪影。直至3分钟后它

---

1 藏鹀的鸣唱（song）与鸣叫（call）非常不同。鸣唱是指出现在繁殖季节（5—8月）的歌唱，婉转多变；起联络作用的鸣叫则不分季节，为单音节轻柔的"zi"声，与大多数鹀类的联络音相似。

2 "嘎"草，当地称呼，学名高山嵩草（kobresia pygmaea），是常见于高山灌丛草甸和高山草甸的嵩草属植物。

▷ 图 2-1　高原蒿草

▷ 图 2-2　高原蒿草

再次回到灌木枝头，约鸣叫 5 秒钟后，又落入草丛。这次它顺着陡坡向上走了三、四米，到达小山包的顶端。从我落脚的位置望过去，在山顶草丛中，能时不时看到它露出脑袋，时而观望，时而低头觅食，但，没有再发出任何声响。

7月 24 日，俄木龙 3 号样线，目标的取舍

刚用手机软件"奥维互动地图"和手持全球定位系统（GPS）把 3 号样线的 01 号样点打上，藏鹀悦耳的鸣唱就飘进耳中。赶紧举起望远镜向声音的方向寻去，在 90 米外的灌丛顶上，一只雄性藏鹀露出半个身子，仰着脖子愉快地鸣唱着。

这里的"嘎"草长得明显比昨天县道 777 样线上的高了许多，大约平均高度达到 20 厘米。虽说已经上午 9 点，草上的露水却很重，不一会儿双脚就感觉到透过登山鞋传来的凉意，鞋子外面已经全湿了。

在蒿草和灌草丛区域，照例是鸲岩鹨、赭红尾鸲、普通朱雀一路"迎接"。习惯性地回头看看，藏鹀的声音已经不在原来的方向，它已经飞到我刚经过的围栏上继续鸣唱。在它旁边的却不是藏鹀雌鸟，而是 2 只红彤彤的普通朱雀雄鸟和 1 只浅褐色的雌鸟。约半分钟后，我的气喘顺了，它们 4 个也一起跳下围栏，落入草丛中不见了。

回到样线上，前方山脊有一块凸起的、较大片的岩石，看起来像是可以有雕鸮的地方，却站着一只纵纹腹小鸮。沿着被草丛遮盖的牦牛路，来到岩石下方，正想再确认一下小鸮站位的旁边有没有巢址迹象，一只有着白色外侧尾羽的小鸟从眼前飞过，藏鹀！我举起望远镜跟随它的踪影，视线落在一丛鲜卑花的下方约 1 米处，它在鲜花丛中露出脑袋张望一下，向鲜卑花方向往坡上慢慢走，大约 2 分钟后跳上鲜卑花枝头鸣唱了十几秒，之后又跳下草地。

走样线和平日里观鸟很不一样。样线调查有一些规则，比如，要

在一定时间内完成整条线的记录。在一条样线上，根据冲沟的深度、宽度打10—12个点，每个点之间间隔150—200米，视实际地形而定，尽量做到直线距离间隔200米为佳。白玉乡的样线调查，设定的调查时段是上午9—12点，因为，高海拔地区山上小型鸟类活跃的时间略晚于平原，而靠近中午时分猛禽比较活跃，因此，这个时段能够比较全面地记录多样性和数量。有部分样线上有较多杂乱而且松散的岩石比较难走的，可以有半小时的弹性，但，尽量在12点前完成。记录路线上所有鸟种、数量、栖位、行为和与样线之间的直线距离，便于以后分析、比较各条样线上的鸟类多样性和丰富度。统一的调查方法可以方便以后的调查员进行同样方法的记录，使数据具有更好的可比性。

现阶段的重点是按规定时间记录样线上的数据，而跟踪藏鹀的繁殖行为是下一个阶段的任务。

接近冲沟的源头，山坡上稀疏的灌丛底部传来细弱的山雀鸣叫。跟着枝条的抖动搜索，黑白花脸的白眉山雀出现了，它们两两结伴在灌丛间跳跃，或觅食，或好奇地张望，其中还有两只看起来出巢不久的幼鸟，全身黑不溜秋，眉纹也还没长清晰。

根据我们以往的观察，藏鹀喜欢选择阳面的草坡为巢址，而在对侧山坡的灌丛和草地觅食。

为什么它们选择灌丛稀疏的草坡筑巢，而不选择有浓密灌丛的这一侧呢？

假设自己是一只藏鹀，如果在灌丛密集的这一侧筑巢，会是什么感觉呢？于是，我找了一块相对比较宽松的草地，趴在地上试试当一只藏鹀。向山坡上方的视线被遮挡得严重，向山谷方向看也被灌木丛挡住视线，如果有天敌藏在灌木丛里，是很难发现的。再看看对面山坡03号点位之前观察到藏鹀落地的位置，联想起数年前观察另一对藏鹀育雏的位置，突然明白了其相似之处：都是两侧山坡距离200米以内；都是一侧草地为主有零星灌丛，另一侧是灌丛和灌草丛；今天03号点观察到藏鹀落入草丛的地方和以前观察到巢址的地方一样，也是一两米开外有灌丛作为落脚点，便于观察周边有没有敌情⋯⋯

▲ 图2-3　模拟藏鹀视角

在阴坡从地面向谷底方向看，灌丛密集，遮挡严重

▼ 图2-4　模拟藏鹀视角

向山脊方向看，也不容易发现天敌

7月25日，俄木龙4号样线，衔着昆虫及干草的藏鹀

从01号点出发，经过一个略呈马鞍形的草坡，草坡的左、右两侧各有一道自下而上的岩石山脊。

我正在谷底观察地形，左耳方向传来藏鹀的鸣叫——是轻微的联络音。扫向山脊岩石，在岩石旁的一丛灌木顶端，一只藏鹀雄鸟正面对着我，黑色的胸带和头上的黑白条纹非常显眼。

在它开始鸣唱的时候，附近灌草丛中传来另一只藏鹀发出的"zi"联络音，但没有找到它的踪影。回过头继续观察枝头的那只雄性藏鹀。大约唱了2分钟后，它飞到草坡中间一丛矮灌下方约1.5米处的草丛里，从下方隐约能看到草动，但不一会儿就跟丢了。另一只藏鹀（猜测是雌鸟）的联络叫声仍然没有停止。

▼ 图2-5　飞行的藏鹀
这只藏鹀雄鸟在鲜卑花丛上完美展示了它飞行时的羽色特征：栗红色的背部、灰色的腰部和外侧尾羽的白边

假如，以那丛矮灌为圆心，半径 15 米范围内有它的巢，就必须绕开那片区域以免踩到巢。

看好路线，在距离那丛矮灌约 40 米处，隐约有一条小路可以到达右侧山脊的中段，而且那里似乎有个小平台可以让我落脚。

草很茂密，藏鹀喜欢用来筑巢的"嘎"草在这里基本上都超过 20 厘米的高度，加上各种各样、各形各色的花朵，这个草坡就像一张鲜花织就的地毯。

快到岩石中段时，只能手脚并用了。我刚站稳脚，耳边就传来藏鹀愉悦的鸣唱，它正站在我左后侧一棵灌丛顶上。

只能整个人半依在山坡上，拧着身体看。一个褐色的身影落入前方的草丛中，尾巴外侧有白边，是藏鹀的雌鸟。它从草丛中向对面比较高的一丛灌木走去，没有回头。雄鸟也飞了过来，落在第一次看到它落下的地方。

雄鸟在草丛中低头寻觅，时不时抬头张望，慢慢地，越走越近，能看到它嘴里叼着几只小虫子，还有一根干草。距离只有 2 米时，它才停下脚步，衔着一嘴的食物和那根大约 7 厘米长的草秆，顺着斜坡向上走，一会儿消失不见了。

带着虫子回来，显然是在喂小鸟，衔着草是为了修补巢吗？

7 月 26 日，俄木龙 5 号样线，藏鹀繁殖期生境的选择

8 点 50 分到达 5 号样线沟口，能见度约 50 米，没有风，大雾还没有要散去的迹象。9 点准时开始统计，先后记录到 2 只藏鹀雄鸟。1 只在陡坡草地，1 只在冲沟源头开阔草地及灌草丛生境。两只都是在灌丛枝头鸣唱，两处相距约 200 米，两个地点之间有一条略隆起的岩石山脊，无法判断是否为同一只。

到今天为止，一共有 11 条样线记录到藏鹀。在这些样线（每条样线为一条冲沟）中的环境要素似乎确实存在着某些共同点。

观察到藏鹀的位置通常在岩石上、灌木上层或顶部、草丛中，因此岩石、灌丛和草地对它们很重要。

繁殖期记录到藏鹀的地方通常是冲沟的中、上段，水源相对洁净。这些冲沟都是一条较大的河谷两侧的各个源头。太开阔的，比如两侧山坡距离超过 300 米的河谷，即便是具备草地、灌丛以及干净的水源，在繁殖季节也没有记录到藏鹀。

藏鹀落地觅食时，通常选择陡坡草地，有零星的灌丛。一般会先落在灌丛枝头鸣唱，观望十几秒、几分钟甚至几十分钟不等，再落入旁边的草丛中行走、觅食；进入 7 月下旬后，这些草坡杂草的高度平均为二三十厘米，几乎完全遮盖了牦牛在冬季踩出的小路。与之形成对比的是，在 777 县道附近的样线环境中，山体坡度、两侧距离、水源等条件都相符，但植被覆盖度明显不足以提供遮挡，调查中也证实了确实夏季没有被藏鹀利用。

觅食的草坡选择在冲沟的阳面那侧，对面是灌丛或灌草丛山坡，两侧距离一般为 150—200 米，可能与育雏阶段往返取食效率较高有关。

在过往十多年的观察中发现，在藏鹀育雏期，特别是幼鸟刚出壳阶段，较多喂食的是蝴蝶幼虫，而亲鸟取食的区域一般都在巢址附近或对面的灌丛山坡。在白玉乡的繁殖地，鲜卑花是灌丛中的优势物种。

繁殖期的藏鹀雄鸟在岩石上、灌丛顶或草丛里都会鸣叫或鸣唱。同区域分布的鸟类中，较易混淆的是戈氏岩鹀的鸣唱。但藏鹀的鸣唱前两个音节较重较明显，通过简单的鸟音训练后，调查员仍然可以加以区分。因此，通过听音找到踪迹，有利于开展调查。

图 2-6 藏鹀夏季栖息地
远观似乎甚为贫瘠，近看却是繁花似锦，藏鹀在鲜花丛边的草地中筑巢育雏

△ 图 2-7　果洛州的群山

这里拥有目前已知最大的藏鹀稳定繁殖种群

7月27日，俄木龙6号样线，偶遇高原蝮

做俄木龙1号样线调查时，无意中发现一只藏鹀中午在这条样线区域以外靠近6号样线的河边洗澡，第二天又发现一只藏鹀在同样的路段山坡上鸣唱，但怀疑它不是1号样线中的那一只。

这片区域的牧场围栏架设得特别结实，竟然没有找到能翻越过去的地方，导致调查开始阶段浪费了20多分钟。好在今天提前了30分钟到达停车点，等找到"突破口"时，刚好9点整开始计数。

首先在02号点听到藏鹀的鸣唱，顺着声音找到在围栏杆上的它。接着从03号点往04号点方向移动时，声音又从头顶传来，雄鸟在一丛小灌木上鸣唱。

照例是要拍摄这条河谷的全景，但我所站的位置被山角遮挡了一部分，于是往回走了十几步退到转弯处。拍完再回头往04号点走时，

觉得草丛中的一堆牛粪边缘有点奇怪，定睛一看，原来是一条盘着的高原蝮（另有专家认为是红斑高山蝮），正扬着头警戒。听扎西桑俄说过，高原蝮毒性很强，而且在白玉乡的山上很常见。

小心地观察了一会儿，也许它也觉得没有威胁，翻过牛粪往坡下爬去，越过一块石头后就消失无踪了。

▼ 图 2-8 高原蝮
高原蝮在一块和自己颜色相似的牛粪边缘（左边）。成年的高原蝮长度 35 厘米左右，一般遇见人先观察片刻，然后悄悄溜走

7月28日，夏仓沟，变化带来的意外收获

原计划今天去乔木顶沟增加一条样线，到达沟口时发现山脚下搭了几顶大帐篷，有不少僧人和身着节日藏装的牧民正在登山，想来是有什么活动。于是改道去夏仓沟。

照例先爬阳坡，上到半腰时往河谷中观察通往对面灌丛山坡的路线，才发现情况不妙。今年的降雨量比往年大，河水冲走了一些过河的石堆，用望远镜观察所及的范围都没有办法过河。

再仔细研究"奥维"的地形图，发现在夏仓沟1号样线的西北方向还有一条河谷，从朝向和河谷两侧的植被分析，似乎也是符合藏鹀的生境，而且与1号样线不会重叠，于是决定新增一条样线。

在白玉乡无穷无尽的河谷（冲沟）中寻找藏鹀，既具挑战又充满未知的惊喜。这些河谷分支极多，组成的图案如同树叶的叶脉。

▼ 图 2-9　华西柳莺
尽管枝条太长让它有点失去平衡，但这只华西柳莺似乎对它情有独钟，准备用它编织安置在灌丛中的巢

这条沟的两侧植被对比明显，一侧地势比较高，长着茂密的灌丛，连紧临路边的草地上也长满了矮灌；另一侧是陡坡，草地点缀着稀疏的矮灌，坡底是水流湍急的小溪。

沿着土路往里走大约 500 米，沿途记录到灌丛生境的鸟类有赭红尾鸲、鸲岩鹨、拟大朱雀、华西柳莺等，一对高原山鹑从路边隐匿到灌丛中。8 只红嘴山鸦聒噪地叫着落入溪流一侧的草坡，正好提供了很好的参照。从它们露出草地的身高，以及一只在草地中觅食的地山雀进行比照，这片草坡的草太短，目前还不太适合藏鸦筑巢，但却是藏鸦喜爱的生境。

当你很关注一件事情的时候，与之相关的信息会源源不竭地向你汇聚。同样地，当你很关注一种鸟类的时候，就像浑身长满了天线，时时刻刻接收着它传递的信号。

藏鸦那有节律的鸣唱从背后飘过来时，我很快就在 80 米之外靠近山顶的一丛灌木上找到了它。乌云越来越浓了，但能见度尚可，虽然远远望去它只有芝麻大一点，但头部"白—黑—白"的对比色在灰绿色的背景下还是能够准确判断的。

7 月 29 日，乔木顶沟 2 号样线，成了半个落汤鸡

一夜大雨后，早晨天晴了，保护站对面的山坡顶上被淡淡的云雾缭绕。望向乔木顶方向不像要下雨的样子，我觉得可以把乔木顶那条样线补上。

乔木顶沟山脚下的两顶大帐篷还在，出于礼貌过去打个招呼，原来是隆格寺的僧人在此度假。一位略通汉文的僧人走过来打招呼，听说是来做鸟类调查，马上问："是扎西桑俄那里吗？我知道的，你们做了很多很好的事。"随即又说："我知道你，你写的文章在年措的群里，我看到了。"攀谈几句，了解到他和另一位在场的僧人都是年措

协会现任会长更尕仓洋的侄子。

眼看就要到 9 点了，我向僧人土旦龙多解释了调查的时间要求，约好调查结束后回来和他们一起吃饭。

照例从向阳的一侧草坡开始走样线，却发现情况不妙。这片山坡的草非常茂密，挂满了昨夜的雨珠。没走出去几十米，自鞋子到膝盖已经全湿透了，虽然穿了鞋套也没起到很好的作用。我站在旱獭家门口的小平台用望远镜观察整个山谷，发现围栏特别多，至少属于三个牧户。

在众多僧人的注视下跨越围栏，感觉有点怪怪的。但时间一分分过去，想按时完成统计就得加快速度，哪还顾得上形象。

从 01 到 02 号样点的路实在不好走，杂草丛生，深一脚浅一脚，200 米硬是花费了半个小时。所幸在 02 号样点听到山脚下传来藏鹀的鸣唱，仔细搜索两遍才找到它在 90 米开外的围栏上叫得正欢。

▼ 图 2-10　乔木顶沟
乔木顶沟内有三户牧民。沟口的白帐篷是僧人们搭建的临时帐篷

藏鹀

这是近一个月的野外调查中最难受的一个上午。天一直阴着，没有太阳，鞋子晒不干，气温也比较低。草地灌丛依然挂满水珠，冷水顺着裤腿流进鞋里，走起路来"呱唧呱唧"作响，只好找块石头坐下把鞋套、鞋子脱下来，把袜子拧干再穿上，双脚才温暖了一点。

乔木顶 2 号样线所处的山谷比较狭长，按照大约 200 米一个样点，一个环线打出了 12 个点。

（僧人）土旦龙多正在帐篷旁的小山包上给朋友们拍照，看到我回来了，就马上下山来让我进帐篷吃东西。盛情难却，只好说声不好意思，鞋子里全是水，进帐篷把鞋子袜子都脱了放在一边。光着脚坐在卡垫上吃油饼、喝奶茶，身上顿时有了暖意。

7月30日，夏仓沟4号样线，发现一个藏鹀家族

经过一个多月的"猜想 — 实践 — 反思 — 实践"，我的经验越来越丰富。进入7月的第四周，每到一条沟的沟口就能基本判断出是否为藏鹀适宜的生境，并且基本上能够圈定它们可能出现的范围。今天这条样线的选择是在此前的经验上，从卫星地图中筛选出来的。

9点46分，记录藏鹀3只雄鸟，其中1只为成鸟，2只为亚成鸟，都在草地觅食，距离样线35米（以下距离均为藏鹀所在点位与样线的距离）。

9点52分，2只亚成鸟飞离，成鸟应该还在草丛里，但看不见，距离样线35米。

▼ 图 2-11
夏仓沟4号样线
此处为一个稳定的藏鹀家族
的栖息地

△ 图 2-12

藏鹀雌鸟在洗澡

从山坡浸出的清泉漫过碎石滩，是鸟儿们喜爱的天然澡堂

10 点，继续走样线的过程中，惊飞了 1 只成年雄性藏鹀，应该是上述同一只，距离样线 10 米。

10 点 7 分，雌雄藏鹀共 2 只降落在前方草地，距离 50 米；至此，判断至少有 1 雄 1 雌两只成鸟及两只雄亚成鸟，共 4 只，应该属于同一个家族。它们频繁活动的这片区域为陡坡草地，有零星灌丛，草的高度为 10—25 厘米。藏鹀低头觅食时都看不见它们的身影，但在它们仰起头观望时，透过较稀疏的草尖隐约能看到头部。当它们沿着山坡上行时，通过轻微的草动还能跟踪到，但如果它们走到草深超过 30 厘米的灌草丛时，就完全无法找到其踪迹。

在山坡的一些小区域，坡面略微凹陷处有一些矮灌，这些区域周边的杂草长得更为茂盛，高度为 15—30 厘米，也许与灌丛根系涵养较多的水分有关，这些比较湿润的小环境常被本地优势鸟种鸲岩鹨利用为巢址。

10 点 13 分，成年雄鸟在冲沟溪流向草坡方向约 5 米处的草地和土堆上鸣唱，距离样线约 65 米。

10点43分，成年雌鹀在靠近溪流的灌丛顶部鸣叫，距离地面约0.4米，距离样线45米。

10点45分，雌雄藏鹀一起从05、06样点之间的草丛中起飞，向05号点上方约60米高处飞，飞过凸起的草坡后消失。

11点57分，雌雄藏鹀在草坡一侧的溪流边洗澡，并在旁边草丛理羽及偶尔觅食草籽，距离样线约25米；最后看到的雌性藏鹀在草丛中觅食，向山坡方向走去，消失在草丛中；雄性藏鹀飞上草坡的一丛灌木顶端鸣唱，后落入草地向山坡方向走进草丛中。这片区域对应02—04号样点。

因为藏鹀在繁殖季领域性较强，以及此前曾经观察到亚成体的雄性藏鹀带回食物和成年雌雄藏鹀一同喂养幼鸟，可以判断这4只藏鹀为一个家庭。夏仓沟4号样线总长度3.4千米，覆盖面积约1.2平方千米，如果累计足够多冲沟内藏鹀的数量，就能推算出一定面积内的种群数量和密度。

7月31日，休息日的头脑风暴

休息日不上山，一边整理内务一边思考下一阶段的工作。

第一阶段的调查结束了，截至7月30日，一共走了21条样线，其中15条有藏鹀。有藏鹀的15条样线分别在三条大的汇水区（俄木龙沟、俄拉沟、乔木顶沟＋夏仓沟）中的小型冲沟（水源）。每条小冲沟有一对成鸟或一个家庭。如果把重点集中在调查藏鹀的家域范围，就需要在8月集中力量重点观察15条有藏鹀的沟。如果在这15条沟的基础上向更高海拔或更低海拔的冲沟延伸，应该可以找出藏鹀分布的边界。但这需要大量的人力才能执行。

扎西桑俄出差回来了，我们碰头整理了一下思路：

1. 藏鹀7—9月在牧民的冬季牧场繁殖，牧民在这个时期都在夏季牧场放牧，所以大多数牧民并没有关注到在他们冬季牧场里繁殖的藏鹀；夏季的藏鹀调查需要依赖调查员获取数据，而无法依靠牧民提供信息。

2. 根据过往的调查知悉，藏鹀在10月开始逐渐集群，隆冬时节会到较低海拔（高差约100米左右）的谷底越冬，越冬的地点通常距离繁殖地点10千米以内。大雪天气中，牧民比较容易在沟口、院内或靠近牛圈的地方发现集小群与其他小型鸟类混群活动的藏鹀，它们可能是附近冲沟繁殖的种群。如果能够发动牧民提供自家藏鹀的数量，相当于一次冬季普查，所获得的数据如果能够覆盖大多数藏鹀分布区，则等于获得藏鹀在冬季的数量，也可由此推算出繁殖成功率和种群发展趋势。

3. 冬季藏鹀数据的收集有利于与夏季繁殖期分布及数量做比对，进一步完善调查方法。在藏传佛教的影响下，白玉地区牧民的动物保护意识由来已久，加上白玉寺僧侣的推动，只要方法设计得当，是存在相当高的可行度的。

4. 通过白玉寺院和白玉小学的学生发放海报，树立一个物种的影响力，带动更广泛的参与度。可以采用牧民喜爱的唐卡绘画方法，以年历海报形式宣传藏鹀的重要性，采取牧民容易参与的方式收集数据。

5. 以藏鹀主题作为首次尝试，此后逐年推出不同动植物主题，逐步向发动牧民参与生物多样性监测的目标努力。

6. 藏鹀海报由扎西桑俄负责绘制、更尕仓洋负责排版，董江天参与设计并负责解决资金来源。

7. 年措协会将专题海报项目立项，每年制作不同专题，从白玉乡、哇尔依乡开始试点，争取推动到年保玉则大区域。

◀ 图 2-13　雨后双彩虹

果洛地区是青海省雨水最丰富的区域，夏天时常遇到太阳雨。在年措保护站经常能观赏到雨后的双彩虹

▼ 图 2-14　年措保护站

年措保护站建立于 2013 年，许多在地保护项目发源于此

8月1日，一场夜雨后的阴天，是白玉夏季常有的天气

今天开始第二轮调查，完成了俄木龙 3 号样线调查后到 4 号样线那个疑似巢址的附近找巢。

4 号样线的 02 至 03 号点之间是一片略呈鞍形的草坡，有稀疏的灌丛。这里向 02 号点方向是一排纵向凸起的嶙峋岩石，向 03 号点方向也是一条凸起的山脊，两侧都只在山腰段有灌丛。

12 点 51 分，先是听到雌鸟轻微的联络音，几秒钟后，雌鸟和雄鸟一起从 02 方向的岩石旁飞来。雌鸟嘴里衔着几根干草，落在我前方约 15 米处的灌丛上，面向山谷，背部的深褐色纵纹在已经开始凋落的鲜卑花丛中很不起眼。

几分钟后，雌鸟向山坡下飞去，落在一棵大约 35 厘米高的矮灌上，继续一边观望一边鸣叫，之后落入草丛中看不见了。

▽ 图 2-15 俄木龙藏鹀保护小区

此后，没有看到雌鸟或雄鸟飞离。

15点35分，雌雄藏鹀再次同时从02号点方向的岩石山脊飞来，仍然是分头行动。雌鸟落在矮灌上观望一下后落入草地，雄鸟飞到靠近03号点方向的岩石旁草地。几分钟后，雄鸟从这片草坡较高处略平缓的地段飞出，落在岩石上方的灌丛上略作停留后，落入山脊处的草地。

初步判断仍然处于筑巢前期，巢址可能在两个地方，一是草坡上端靠近03号点方向岩石旁的草地，一是草坡中段偏下方的矮灌周边15米范围。

担心干扰太大，今天没有安装相机。

8月11日，俄木龙1号样线，第二轮调查

旱獭（*Marmota himalayana*）都是胖胖憨憨的样子，在草丛中拖着粗短的尾巴奔跑到洞口。清晨阳光照射到半山时，它们喜欢在洞口的小平台沐浴阳光。那可是名副其实的"阳台"，选址在面朝河谷的阳坡，后有花草簇拥的花园，前能一览群山。

这段时间，漫山遍野都开着一种小花儿，叶片很少、花茎细长、花茎顶端开着柱状的粉白色花朵，有的花朵为粉红色，名叫珠芽蓼（*Polygonum viviparum*）。今天看到一只特别喜欢这种花儿的旱獭。它用有力的后腿支撑起壮硕的身体，两只肥胖的爪子把花儿捞到嘴边。花茎很柔软，被它的爪子捞来捞去的总是从嘴边滑开。几次努力未果，甜美的花儿总也吃不着。旱獭有点累了，直接伸长了脖子用嘴去咬花却够不着，遂又用双手抱着花茎，伸长了脖子含着花茎一直捋上去，花儿终于滑到嘴里。

俄木龙1号样线所在的区域有2处牧户房屋及牛圈，保持传统放牧方式，是年措协会与牧民合作建立的最早的一个藏鹀保护小区，是

△ 图 2-16　吃珠芽蓼的旱獭

8 月初，漫山遍野的珠芽蓼是旱獭喜爱的美食，在自家门口就能吃到

稳定的藏鹀繁殖地。今天统计的结果为 3 只次，至少为 1 雄 1 雌。

回程时，在 12 号样点的冲沟阴坡较低处发现有个狗獾（*Meles leucurus*）窝，但今天没有发现狗獾出动。狗獾是藏鹀繁殖期的头号天敌，让人不禁担心藏鹀小鸟的命运。

8 月 21 日，夏仓沟 3 号样线，第二轮调查

连续第三天没有下雨了，这条沟里的路面比较干燥易行。在例行的各点统计基础上，把重点放在第一轮记录到藏鹀的点位。

大约上午 11 点，天气晴朗，山谷中的天空中间是粉蓝色，周边淡淡地抹了一层白云。

走到目标点，隐约听到藏鹀的细弱鸣叫，推测距离有 70 多米开外了。

在我立足的位置，一侧有比较多突出的岩石，另一侧草坡点缀着稀疏的灌丛，此时这条冲沟中没有流水，距离山坡下方的汇水区大约130 米。

坐下慢慢观察、聆听，藏鹀雄鸟的鸣唱被风吹散，但从右侧传来无误。右侧是数列纵向延伸到谷底的岩石，白的、橙的地衣、苔藓让陡峭、嶙峋的岩石显得很是斑驳。这片散布的岩石风化严重，非常松散，无数细小的岩石缝隙中冒出稀疏的杂草，白的、粉的珠芽蓼花朵点缀其间。

▼ 图 2-17　夏仓沟 3 号样线
右下角山坡草地中隐约的曲线是冬季牦牛踩踏留下的小路

藏鹀

▲ 图 2-18　藏鹀

藏鹀喜爱站在斑驳的岩石上鸣唱

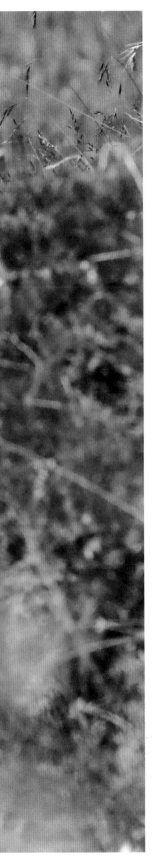

△ 图 2-19 金雕

金雕时常在沟谷中巡视。每当它在空中出现，就会引发旱獭尖叫的"警笛"声

　　这些岩石显然不能承受踩踏，但小小的藏鹀却可以安然停栖其间，它正面对着我，透过细草的间隙悠闲地鸣唱，黑、白、棕搭配的羽色隐身在岩石的背景中，既低调又帅气。

　　它在岩石上轻跳一下，展示一个完美的侧身，稍事停留便飞向对面的山坡，准确地降落在草丛中一块长约 40 厘米、宽约 50 厘米的岩石上，随即跳上紧邻岩石的一棵小灌木上。大约整理羽毛 2 分钟后，它从灌木上跳下来，在草丛的掩护中向山坡上走去。草丛轻微地抖动，偶尔冒出它的黑白花脑袋。它时不时抬头观望一下，大多数时间低头觅食，抬头时嘴里并没有衔着昆虫等食物，也不像是筑巢阶段寻觅干草的行为。

　　这样边吃边走，它在距离刚才落地的岩石上方约 15 米处，略作停顿，飞向一片开阔草坡。

　　我起身想跟踪它的活动范围，不想才走出十几米，惊飞了一只雌鸟，"zi——"的一声，它也向雄鸟的方向飞去。

　　调查结束后，在夏仓沟往县道方向的土路旁电线上记录到 2 只理氏鹨和 1 只黄鹡鸰。这是本年度调查首次记录的过境鸟。

8月26日，俄拉沟2号样线，第二轮调查

第三个霜重的清晨，院子里洗手的水桶结冰了，水龙头扭不开，阳光还没照到的地方都寒气逼人，俄曲河对面的山坡一片灰白。

惦记着调查前看看路边的鼠兔和雪雀，我决定提早一点出门。

气温有点低，发动机的"嘶鸣"很是费劲，车窗结了一层厚厚的霜。

进入俄拉沟约200米，阳光被一侧山体遮挡，照在另一侧的山顶上，还未能达到河边的草地。草地被厚厚的白霜覆盖着，透出清冷的灰绿色，鼠兔们迫不及待地守候在洞穴旁仰望阳光露出的方向，还有

▼图2-20 鼠兔
清晨，草地盖着厚厚的一层霜。鼠兔们迫不及待地跑出洞穴，迎接即将到来的阳光

藏鸮

074

△ 图 2-21　黄嘴朱顶雀

黄嘴朱顶雀以植物种子为食，8 月下旬，它们开始集群活动

一些鼠兔来到砂石路面上忙碌着，似乎在捡拾小石子，直到车子开到跟前才很不情愿地逃回洞里。

8 点 50 分到达 2 号样线的起点，阳光已经覆盖两侧山体的大部分区域，鸟儿们也开始活跃了。9 点开始统计，时间刚刚好。

今天再次见到 3 只藏鹀一起出现，至少有 1 雄 1 雌，另 1 只未能分辨是雌鸟还是幼鸟。它们的活动范围和第一轮调查的记录类似，落脚点都覆盖了 01、02、03、04、07 号样点。但是，今天这个家庭的雄鸟有点奇怪，从 9 点 42 分记录到第一声它的鸣唱开始，一直唱到 11 点 23 分，落脚点有变化，歌声却没有间断。

在 2 号样线的最后一个点发现今天的黄嘴朱顶雀（*Linaria flavirostris*）特别多，每个小群十几只，其中有不少今年的亚成鸟，它们头背及腹部的纵纹没有成鸟那么显著，嘴的颜色也比成鸟更嫩黄一些。似乎黄嘴朱顶雀开始集群了。在回程的途中同样，数不清的黄嘴朱顶雀，都是二三十只成群地在草地觅食，时不时鸣叫着更换觅食场地。

8 月 27 日，俄拉沟 3 号样线，阴转小雨，没有记录到藏鹀

今天是第二轮最后一条样线的调查。

7 点，天空是带粉色的蓝，轻如薄纱的白云淡淡地飘在空中镶着淡黄的金边。

8 点 15 分，天空已经没有蓝色，是灰蒙蒙的一片，但看起来还不像要下雨的样子。阴天比较适宜观察鸟类，因为眼睛感觉比较舒适，拍照的光线也比较柔和。

接近 11 点，感觉周围的鸟鸣越来越少，早上活跃的赭红尾鸲和鸲岩鹨等也都藏起来了。眺望远处，有一大片乌云正缓慢移动过来。俄拉沟的鸟儿们都安静了下来，说明有大雨将至。

果真，不一会儿，大颗的雨滴就落了下来，鸟儿们对天气的变化真是敏感！

藏鹀

图 2-22　俄拉沟

初秋，天晴时的俄拉沟

俄拉沟 3 号样线在第一轮调查中有藏鹀记录，在今天第二轮调查中没有记录，不排除可能是天气影响。藏鹀对天气变化比较敏感，此前也有发现，如果将要下雨，它们会在下雨前 30—60 分钟停止活动，找灌丛较密的地方躲避。

俄拉沟山谷两侧较低洼处草地的颜色发生了变化，十字花科的小白花变成了米黄色，有部分鲜卑花的叶子已经枯黄了。

昨天做 2 号样线调查回程时，虽然也感到溪流边的植物颜色发生了变化，但面积还比较小。今天却明显感觉草地的颜色在诉说着白玉乡的秋天来了！

8 月 30 日，俄拉沟 3 号样线，藏鹀不那么爱唱歌了

阴天，偶尔飘落些许雨丝，麻雀和红嘴山鸦在院子里鸣叫。

随着近几日的天气变化，心里开始有了紧迫感。往年的白玉乡在 9 月中旬开始出现下雪天气，今年气候反常，如果下雪的日子提早，会不会影响到第三轮的调查呢？粗算一下，如果上 5 天山，休 1 天，也差不多要 20 天才能完成。

宜早不宜迟。

今天在俄拉沟 3 号样线分别于 11 时 17 分和 11 时 27 分发现 1 对雌雄藏鹀，都在灌草丛一侧活动（06 号点附近）。其中雌鸟在我身后六七米的灌丛顶发出联络音，我听到后转身观察并拍照，它并没有出现受到惊吓的反应，继续左顾右盼地鸣叫了约半分钟后跳落到灌丛下的草地。我没有去找它，继续往 07 号点方向走约 30 米，雄性藏鹀在灌丛中的草地觅食，看到我后，略作观察后飞往对面 04 号点草坡方向。

最近几日的观察发现，与前一段时间相比，藏鹀雄鸟的鸣唱减少了，更多地发出联络音，这对观察是个考验。不知第三轮调查的数据会不会发生变化呢？

8月31日，俄木龙4号样线，跌宕起伏的一天

天气很好，调查也是开门红！9点15分在01—02号点时就看到山坡上部大约5只藏鹀在追逐，似乎是一个家族，至少成年的有2只雄鸟1只雌鸟，另两只没看清是亚成体还是雌鸟。真开心！这个家庭很健康。

往03号点方向快要离开02号点所在的鞍形山谷时，听到身后传来藏鹀的联络音。一只雌鸟落在我刚经过的灌丛顶上，嘴里叼着虫子，似乎准备喂小鸟。大约2分钟后，它又跳到更远处，在离我大约70米的灌丛顶上继续鸣叫。

它观察了几十秒后，便飞落不远处的草地。在它的落点仔细观察，没有动静，看来不是出巢的幼鸟等待喂食。不到十秒后，它突然从一丛杂草中飞出来，嘴里一团圆形小白泡——是幼鸟的粪便！

距离有点远，但能看清它飞出来的地方隐约有一点深色的凹陷，右侧有一株蓝色的翠雀花（*Delphinium caeruleum*），左侧距离约60厘米处还有另一株蓝翠雀花，而这两株翠雀花位于一片乳白色火绒草（*Leontopodium*）的右下方。

趁着雌鸟离开的功夫，我赶快走过去，顺利地找到巢址。"嘎"草编织的巢口朝上，巢口外有一丛垂下来的杂草遮盖。巢的周边也是杂草，但因为成鸟进出的缘故，仔细观察还是能在偏右侧找到一个出入口，应该就是在远处用望远镜看到的略呈深色的凹陷处。

两只幼鸟在等待着父母喂食，听到我拨草的动静后，睁开眼互相挤了挤就继续闭眼休息，估计是没有听到父母的招呼，知道没吃的。

这时隐约听到雌鸟的声音，我赶快把巢口的草还原，离开。看看时间也耽搁不得，决定先继续做完样线调查。

中午回到保护站，与年措协会会长更尕仓洋商量，由调查员豆盖加协助我安装红外相机、由调查员昂宝负责跟踪拍摄相关素材。

今天大太阳，中午非常晒，我们带上设备下午3点出发，大约下午4点15分到达巢址附近。

小心地绕过巢址区域，豆盖加和昂宝分别在两侧山坡协助观察，我自己去找巢。可是，根据参照物却怎么也找不到那个巢！而雌鸟已经在附近的灌丛顶上鸣叫了，嘴里叼着虫子，距离豆盖加的站位约15 米。

耽误了大约 20 分钟，我还是没有找到早上的巢，却听到豆盖加小声喊我们，他发现藏鹀雌鸟跳到他脚下不远处的草丛里，出来时嘴里的虫子不见了！我们都没有见过藏鹀成鸟吃虫，即使是在夏季育雏期间，它们也大多时候吃羊茅、雀麦、垂穗披碱草（*Elymus nutans*）等植物的种子，白玉乡居民称之为"野燕麦"。豆盖加小心地拨开藏鹀飞出去的草丛，终于找到了！

趁着雌鸟离开的间隙，赶快检查巢内情况，有 1 只藏鹀幼鸟，和我上午看到的大小差不多，但它旁边有一堆奇怪的东西，一块黄白的薄膜样东西依附着一堆像是幼鸟羽毛的东西。赶快拍照记录，就听到雌鸟回来了。

我们迅速复原草丛，退到一边。雌鸟叼着虫子在几棵灌木上跳跃并发出鸣叫，和平时的联络音一样。它观望了大约 3 分钟，跳到巢址所在的草丛里，并很快又飞了出去。

我们抓紧时间安装完红外相机后，再次去观察巢内的情况，发现一只幼鸟已经于较早前夭折，发出一种臭味。我们用两根灌木做成筷子，将夭折的幼鸟取出来用纸巾包好带走了。

回到保护站已经天黑了，根据扎西桑俄的指导，把带回来的小藏鹀遗体用纸巾包裹放在空瓶子里，打开盖子，放置在工具房里风干。用纸巾包裹是为了防虫，白玉乡的干燥天气加上纸巾吸潮，有利于快速风干，和制作风干牛肉的原理差不多。

9月1日，观察喂食，孩子它爸呢？

满脑子的小藏鹀，早上5点多就醒了，洗漱、准备材料完毕后按计划7点准时出发。天气很好，今天准备蹲守俄木龙4号样线的藏鹀巢，并加装一部红外相机，监测有没有小兽干扰。

车子在那段被水浸泡了2个多月的泥地差一点抛锚，好在保护站的猎豹吉普车虽然老旧却依旧勇猛，进退数次终于脱险。路况耽误了一点时间，到达停车点时已经是7点半。

藏鹀巢所在的山坡为朝东的鞍形，坡度为30—35度。山坡上有牦牛在冬季踩出来的小路，虽然现在杂草丛生，但仔细辨认还是能找到。半山处有一处微微拱起的山包，山包左上方有一块约6米×4米见方的鲜卑花丛，藏鹀的巢就在距离那丛鲜卑花右上方约6米的草丛中。从山脚到巢的直线距离约110米。

今天的主要目标是记录喂食情况。统计时间为上午8点15分到下午6点半。阳光照射到巢址的时间为上午8点15分至下午4点47分，日照时间共计8小时32分钟。

1. 共记录喂食52次。上午：8点3次；9点3次；10点5次；11点6次；12点3次。下午1点7次；2点5次；3点7次；4点7次；5点6次。上午共20次，平均14分钟一次；下午共32次，平均9分钟一次。18点01分雌鸟回巢后没有再出来。

2. 雌鸟在喂食后飞出时携带幼鸟的粪便离开，通常向开阔山谷方向在半空中丢弃。清理粪便的工作共进行了9次，上午2次，平均2小时1次；下午7次，平均43分钟1次。

3. 全日均为雌鸟喂食，未见雄鸟或其他藏鹀个体前来喂食，在02至03号点之间凸起的山梁草地，雌、雄成鸟一起觅食，但只有雌鸟去喂食。

4. 雌鸟喂食前在周边停留时都拍了照片，食物主要为蝴蝶、蝴蝶幼虫和双翅目，偶尔有蜘蛛。

5. 今天清晨这个山谷中最先鸣叫的是华西柳莺，然后开始活跃的有鸲岩鹨、黑喉石䳭（*Saxicola maurus*）。全日记录的鸟种与前次一样，没有新增。

6. 下午，巢址所在的山坡日照逐渐减弱时，雌鸟只去 3 号点方向觅食，那里还有阳光。早上整个坡面都有阳光时，它随机在 01、02、03 号点周边觅食，活动范围在巢周围的 300 米以内。傍晚 5 点半至 6 点 01 分之间，只在巢的周围方圆 60 米范围草地中活动。下午 5 点 44 分回来时并没有带食物也没有进巢，在周边矮灌上观望几分钟后飞到附近草地中。下午 5 点 44 分之后的 3 次喂食后都会在巢外观望片刻，而此前喂食都是喂完直接从巢里飞出去。

7. 巢为地面巢。巢的外径 10—13 厘米，并不是正圆形，而是依附于向内凹陷的土壁而建。靠土壁的一侧比较薄，靠外围的一侧比较厚。巢内比较圆，巢口直径 8.5 厘米。巢的形状为碗形，开口向上。巢上方有"嘎"草垂下，周边有其他杂草遮盖，较为隐蔽。

8. 巢材主要是"嘎"草，巢内有少量牦牛毛铺垫。

9. 垂下遮盖巢的草杆在端头部分有比较整齐的约 4 毫米的枯黄，为断后干枯的痕迹，像是牦牛啃食的痕迹。

10. 巢所在的坡度为 32.5 度，几乎为正东方向，距离谷底 108 米，距离最近的溪流直线距离约 113 米；距离较大的一丛灌丛边缘约 6 米，灌丛为窄叶鲜卑花（*Sibiraea angustata*），面积约 24 平方米，灌丛平均高度约 0.9 米；距离最近的矮灌约 2 米，矮灌大多为 1—2 棵零星分布于草地，高度不超过 40 厘米。

11. 巢址距离对面同海拔高度的灌丛山坡直线距离约 165 米（电子测距仪测定）；距离俄木龙沟内的主路（可通机动车的土路）最近处直线距离约 650 米，距离 S101 号公路最近直线距离约 2930 米。

9月3日，夏仓沟2号样线，牧民回来了

　　夏仓沟2号样线是藏鹀比较稳定的观察点，从样线起点到路线上02—03号点位的岩石附近，每次都能看到它们的踪影。

　　爬到03号点位海拔4082米，与沟底高差约70米，远远地看到夏仓沟更深处山坡上比之前多了三顶大帐篷，我感觉有点诧异。记得扎西桑俄说过，在正常年份里，牧民在5月底6月初迁往夏季牧场，并在10月上旬回迁至冬季牧场，怎么今年提前一个月就迁回来了，难道是夏季牧场的草料不够牦牛吃了吗？

　　今天，豆盖加和我一起上山，他的汉语目前还不太流利，有点像15年前我第一次来白玉乡时扎西桑俄的汉语水平。不过，我向他介绍的观察方法，他都能听懂。

　　在第一、二轮记录藏鹀的地点，再次发现了藏鹀。开心之余，也有点担心：这么有规律，是不是也容易被天敌捕杀呢？

　　利用这个机会，向豆盖加确认了藏鹀用作巢材的草——"嘎"草，当地牧民传统上较多将这种草用于制作鞋垫、马鞍垫，以及牦牛帐篷里铺在羊毛垫子下保暖的草垫。

　　回程时，我们一边在车上拍路边小鸟，一边讲鸟的故事。

　　车行至开阔河谷草地时，坐在后座的豆盖加突然喊了一声"狼！"，确认后方没有车，减速，我们看向河边一侧的草地。一头独狼竟然就在距离我们车子不到60米的地方！它时不时回头看看我们，散漫地向河边走去。

9月4日，俄木龙6号样线，遇到狼群

　　一大早，保护站对面的山坡被雾气遮掩，阳光努力地穿过浓雾透出隐约的光芒，感觉这段时间有雾的日子越来越多，可用于调查的时

▲ 图 2-26　狼群

2021年9月4日，我们观察到狼群跟随迁回冬季牧场的牧民和牦牛群回到了俄木龙沟。根据传统，牧民回到冬季牧场的时间大约在10月初，但今年他们回来得格外早

间紧迫。

　　途经1号样线时发现，山坡上那座基站似乎完工了，打开手机一看，有信号了！

　　上午10点多，调查进行到05号点时，记录到4只藏鹀，都在冲沟源头的一块小洼地洗澡、喝水。因为想观察附近有没有幼鸟或巢址，我就多停留了一阵子。

　　当听到山坡上传来旱獭凄厉的报警声时，空中并没有猛禽。举起望远镜扫过去，300米开外的山脊线有几个浅色的身影。狼！5匹狼！2大3小的一家子，狼爸狼妈一前一后关照着中间的3匹小狼。

　　再看在溪流边喝水、洗澡的鸟儿们，已经不见了踪影。

狼们在草地上寻觅着什么，是在教导孩子觅食吗？

心里是有些紧张的，毕竟是 5 匹狼啊！万一狼爸狼妈想给孩子们示范一下怎么围捕，把我当成猎物可怎么办？一边用望远镜盯着狼的举动，一边在脑子里捋了一遍自保方案。

在做调查的各条冲沟里，草坡从远处看起来很平整，但走在上面才能体会到杂草丛生、坑洼不平，平时调查时也必须小心翼翼，先行试探再踩稳脚步才能保证不摔跤不滚下山坡。如果狼冲下来，肯定比我速度快。

但它们并没有"关心"山坡下的我，只是悠闲自在地在山脊散步。不一会儿，小狼崽们嬉戏打闹着和父母一起慢慢消失在山脊线后。

今天，如果没有预先知道有了手机信号，哪里还能够这样"气定神闲"，恐怕一见到这群狼时就会马上逃跑了吧！

9月9日，俄木龙2号样线，又见两匹狼

上午11点20分前后，在06、07号样点之间的草坡上观察蝴蝶幼虫，想看9月上旬主要有哪些蝴蝶幼虫可能成为藏鹀的育雏食物。

一抬头，一只胡兀鹫站在突起的岩石上，目测距离80米。对视几秒后，它起飞、向山坡下方平稳滑去，巡了一小圈后，回来在我头顶盘旋了5分钟左右。最近距离大约只有70米。它白色的眼睛、从眼睛前面向下垂过嘴角的"黑胡子"是那么清晰，整个腹部呈金黄色的羽毛与头顶的金发相呼应，美得炫目！

今大连藏鹀的联络鸣叫都没有听到，是否它们的活动范围向更高处转移了呢？

快到谷底时，耳边又一次传来旱獭的报警声。四处张望，空中依旧没有猛禽，难道又有狼？仔细搜索附近的山坡，在500米开外的5号样线方向半山坡上，确实站着两匹狼。它们驻足观察了一会儿，一匹向山坡较低处走去，另一匹体形较大，停在一片灌草丛中。旱獭还在不停歇地发出"哔——哔——"尖锐的报警声。

回到车旁时，距离那两匹狼大约不到300米，它们已经聚在一起，边走边回头观望，最后消失在山坡背后。

一周内三次，共遇到8匹狼！

晚上快10点时，院子里热闹起来，保护站的办公室已是灯火通明，去玛柯河采集植物标本的会员们回来了。出门迎接他们，被大家围着恭喜："你今天又见到狼了！你的运气太好了！……"想是扎西桑俄已经向大家"公告"了我的收获。

昂宝说："你上山的时候带一根绳子，万一碰到狼时，把绳子拖在身后，狼会去咬绳子而不会直接袭击人。"

乐旺是协会年龄最大，也是唯一见过传统猎狼工具的会员。于是，大家围着乐旺听他讲述猎狼的故事。

过去果洛地区还保留着传统的"猎人族"时，猎狼的目的主要包括三种：狼皮用于制作高级服装、饰品；作为贡品敬献给长者；为保

护牲畜采取的预防措施。猎狼的工具采用牦牛牛角作为支架，用绳子将锋利的小刀拴住刀把藏在牛角背后，并以牦牛毛编成的绳子作为触发"弹簧"。当狼偷袭牛、羊群时，触发绳子后小刀反弹射出击中狼的腰部。

狼和雪豹在捕猎时的"风格"有很大区别。雪豹只猎杀需要吃的量，比如几天吃一头羊就只猎杀一头羊。而狼不一样，就算一天只需要一头羊，也会一次咬死很多只。因此牧民比较欣赏雪豹的性格，认为狼贪得无厌。在相当长的历史时期，保护围栏牲畜不受狼攻击的方法中，这种别具一格的"猎狼陷阱"也给狼的基因中留下深刻的烙印，对"绳子"心生忌惮。

9月11日，夏仓沟样线，烟腹毛脚燕走了

在同一条线路上反复观察会带来许多乐趣。

比如，在01、02号点之间的草坡接近山脊处有一片灌丛，戈氏岩鹀、鸲岩鹨、华西柳莺等都喜欢在那片灌丛中追逐、觅食。今天也不例外，它们还在那里活动。除了这些熟悉的身影，还有2只蓝额红尾鸲（*Phoenicurus frontalis*）的幼鸟在其间追逐，2只棕胸岩鹨（*Prunella strophiata*）一上一下攀附在一根细枝上好奇地四处打量。

快到02号点时，自然会在山脊的岩石上去找那两个高山兀鹫（*Gyps himalayensis*）的巢，金雕喜欢站在距离高山兀鹫巢不远处一块凸起的岩石上。望远镜扫过去，它们果然还在，自然会升起那份心满意足："嗯，它们都活得好好的。"

上一轮调查时，有几只烟腹毛脚燕（*Delichon dasypus*）的幼鸟卧在岩石褶皱中休息，前两轮的调查中都有成鸟在附近飞行、觅食。今天一只也没有看到。这几日明显感觉到烟腹毛脚燕的数量少了，它们应该已经踏上了迁徙的旅程。

△ 图 2-27　烟腹毛脚燕

烟腹毛脚燕选择潮湿的苔藓和稀泥筑巢，巢材中常夹有细草或腐烂的植物碎屑作为建筑材料中的"钢筋"。巢址选择在岩石凹陷处、夹缝或任何有 2 或 3 面可依附的地方筑巢。巢址距离地面的高度比较随机，最低的巢只离地面 1 米左右，有的则高达十几米甚至几十米

在前两轮调查中出现藏鹀的 06、07 号点，没有发现它们的踪迹。在 09 号点它们喜欢去喝水、洗澡的地方等了一会儿，除了鸲岩鹨似铃声般的歌唱，就只有潺潺的流水声。进入 9 月后的第三轮调查已经完成 10 条样线，藏鹀观察的难度也更大了。

一抹白色在 20 米外划过视线，尾羽两侧的白斑无疑像藏鹀，但体形偏小。它在草地里隐藏片刻后，飞上溪流边的围栏，竟是红喉姬鹟（*Ficedula albicilla*）！这是 6 月中旬开展调查以来这个鸟种的第一笔记录，应该能够确定它是迁徙过境。

回到站里查资料，红喉姬鹟是年保玉则地区（包括班玛县）的鸟种新记录。

2020年6—9月的藏鹀繁殖地鸟类群落调查，于9月18日结束。在15条冲沟中，共获得50个鸟种。其中，第一轮6月24日至8月9日记录鸟种40种1051只次[1]，包括藏鹀52只次；第二轮8月1日至8月27日记录鸟种43种1343只次，包括藏鹀50只次[2]；第三轮8月30日至9月18日记录鸟种41种854只次，其中藏鹀46只次。8月是最丰富、活跃的月份。藏鹀典型的繁殖期鸣唱时段为5月下旬至8月下旬，因此针对分布区的调查适合在此阶段开展。8月21日首次出现迁徙过境鸟，而此时段部分藏鹀仍然处于繁殖期，因此藏鹀繁殖地鸟类群落的调查还需要考虑过境期的变化，调查期至9月中旬是合适的。2020年6—9月白玉乡藏鹀繁殖地鸟类群落调查记录鸟种共50种，详见附录表4-1。

1　第一轮调查中有部分工作日用于排查藏鹀的分布生境，并在21条样线中选择有藏鹀分布的15条样线进行第二、三轮调查。三轮调查采取了同样的调查方法。

2　第二轮调查日期与第一轮在8月初期有部分交叉，是因为俄拉沟塌方导致调查日期推后，并将其他沟的调查提前，但三轮调查最后采用的顺序基本保持一致，每条样线调查间隔20—25天。

第三部分
以藏鹀为师，在自然中学习

自从发现藏鹀，我们在它的引导下，从最初的惊叹、开心、好奇，到逐渐产生疑问、试图寻找答案，在不断的试错中探索它的奥秘。不知不觉中，我们从单纯快乐的欣赏到关注其生存相关的种种，进而产生想为高原鸟类做点什么的想法，最终促进我们对人与自然和谐共处的思考。这是一个学习、疑问、实践、反思、进步的循环递进的过程。

藏鹀沟的特点

为了方便日常交流，我们把有藏鹀分布的冲沟称为藏鹀沟。

藏鹀在秋冬季节行动的隐蔽性很强，但在繁殖期的独特鸣唱让我们有机会在 5—8 月期间相对容易找到它们的踪迹。尽可能多地找到有藏鹀活动的区域进行对比，就能够找出它们选择栖息地的共性。

藏鹀选择筑巢的地点位于干燥、相对温暖的狭窄冲沟内的阳坡草地，在地面营巢，通常不远处会有零星灌丛。在育雏阶段，父母共同捕食蚊蝇、蜘蛛、蝴蝶幼虫、蚂蚱幼虫等哺育幼鸟，此时，附近的灌丛常常成为回巢前观望的落脚点。幼鸟在出巢后的几日内仍然在巢周

藏鹀

△ 图 3-1　藏鹀的典型生境

2021 年 7 月 29 日，拍摄于班玛县则沟（子昂沟）1 号样线，为藏鹀繁殖期在果洛州分布的典型生境。干燥的高山牧场，阳面以大面积的草地为主，有零星灌丛点缀。阴坡则有较高比例的灌丛。海拔 4100—4600 米，山顶浑圆，山坡之间的凹陷处形成冲沟，集水汇入开阔河谷中的河流

围的草地分散活动。大约出巢 7 日的时候，幼鸟开始跟随父母学习觅食草籽。在幼鸟完全独立觅食之前，父母仍然偶尔给幼鸟喂食昆虫。此阶段成年雌性在幼鸟不远处引领，雄鸟较多负责放哨，活动范围逐日向同海拔高度或更高海拔的灌草丛及灌丛方向移动，我们推测这样有利于幼鸟躲避天敌。

藏鹀沟里有较多种类的禾本科植物，成年后的藏鹀以当地称为"野燕麦"的禾本科种子为主要食物。调查期间，没有发现成年藏鹀在哺育小鸟期间自己吃虫，而只是把虫子带回巢喂雏。对牧民的采访信息显示，没有人见过成年藏鹀吃虫，因此当地把藏鹀归为"素食"的鸟类。2020 年 8 月下旬在俄拉沟调查期间，发现一只成年雌鸟带领 2 只已经出巢的幼鸟学习觅食。调查期间，除成鸟偶尔给幼鸟喂昆虫外，幼鸟也自行采食草籽。9 月初，在另一条样线内观察到 1 只雌性成年藏鹀带领 3 只幼鸟在周边没有灌丛的岩石草丛区域活动，未见成鸟喂食，全部幼鸟已经自行觅食，雄性成鸟在附近活动。

出于尊重当地的习俗和信仰，我们没有开展捕捉藏鹀进行环志或佩戴跟踪器的工作。

根据8—9月各条样线调查中藏鹀的活动范围向高处移动的现象推测，当幼鸟独立觅食后，整个家族的活动范围会逐渐向山顶移动。初步分析是由于山顶接收日照的时长较长，植物较早成熟，可提供藏鹀所需的食物。

藏鹀沟的沟底至山顶山脊线最高处的绝对高差一般在200—300米之间，沟内纵深较浅，从沟口向内到最高处直线距离为1200—1500米，一般只有一个藏鹀家庭；少量沟的绝对高差可以达到500米左右，沟内纵深也相对较深，通常呈向内的喇叭状，外窄内宽，这样的冲沟进深可以达到2000米，有出现两个藏鹀家庭的案例。这类情况于2021年7月6日在果洛州班玛县则沟（子昂沟）6号样线调查时再次得到证实。

▼ 图3-2　藏鹀喝水、洗澡
藏鹀是一种非常注重卫生的鸟类，喜爱选择多石头的洁净水源地的浅水湾处作为澡堂。这只藏鹀雄鸟连续两天中午都在此处喝水、洗澡，之后在溪边的草地整理、晒干羽毛，偶尔也觅食草籽

藏鹀沟里的灌丛是不可或缺的要素。大多数藏鹀沟较为狭窄，藏鹀繁殖期活动的区域为两侧山坡中段。两侧山坡之间的直线距离为150—200米，山坡倾斜度为25—45度，局部可以达到60度。用于筑巢的阳面山坡灌丛覆盖率为2%—5%，为零星散布。对面山坡为阴坡，灌丛覆盖率为60%—90%，两侧山坡的山脊附近都为草地，有些样线的山脊区域有零星的矮灌（20—30厘米高）。

清洁的水源必不可少。在藏鹀沟的中段及以上的汇水区，特别是有碎石的地方，是藏鹀经常用于中午饮水或洗澡的地方。在多次观察到藏鹀洗澡的场景中，极少有其他鸟类同时出现。偶尔观察到鸲岩鹨先行到达，已经在"澡堂"洗澡，藏鹀出现后，鸲岩鹨躲在角落的水洼中观察藏鹀的举动，等藏鹀走后才继续洗澡。藏鹀偶尔也会到较开阔河谷中的小河边由砂石堆积的浅水区域洗澡或喝水。洗澡之后的藏鹀在旁边的草地或灌丛上层整理羽毛，有时也在草地边晒羽毛边觅食，逐渐由水边向坡上移动。

在冬季大雪覆盖整个山谷时，藏鹀和其他小型鸟类一样不容易找到食物，就会飞往谷底河边的牧民房屋附近觅食草籽。在牧户和牛圈周边，由于每天牦牛进出牛圈的踩踏，导致草地退化为黑土，这里的冰雪比较容易吸收阳光而融化，因此冬季在牧户周边会聚集大量雀形目鸟类。2021年1月的冬季调查中发现，白玉乡每天中午过后风势较大。藏鹀并不和大群的高山岭雀（*Leucosticte brandti*）、林岭雀（*Leucosticte nemoricola*）等一起在牛圈周边活动，而是在靠近沟口有灌丛的区域，与鸲岩鹨、戈氏岩鹀、普通朱雀等混群活动。一旦起风，鸟群就躲入沟口阴坡的灌丛中。白玉乡在大多数年份里9月开始下雪，有时下冰雹。在晴朗的日子里，早上草地上的霜也很重，但只要雪地中还有裸露的草地，藏鹀就不会到牧户周边觅食。当雪厚到完全找不到草籽时，藏鹀也和其他鸟一起到牧民堆在院中的牧草中避寒，在院子里觅食草籽。也是因此，从对牧民采访中获得的藏鹀信息较多为冬季的记录。

伴生动物和天敌

当了解到藏鹀所喜爱的生活环境后，随着观察的深入，另一个问题逐渐浮现：藏鹀与在同一片区域出现的其他鸟类和动物之间存在着什么样的关系？哪些是它的朋友？哪些是它的天敌？它们之间有没有相互帮助或竞争呢？

在一条开阔的大型河谷中，有宽度为几十米的大河，如俄曲河，也有大河上游宽度为几米至十几米的支流，最小级别的水源为山坡水流形成的冲沟溪流。在不同级别的山溪、河流两岸生活的动物都有所不同。藏鹀的活动范围在隆冬季节从冲沟内扩展到大级别的河流两岸，因此我们的观察不仅需要关注繁殖期所在的冲沟内，还需要了解在大级别河流两岸有哪些区域会被它们利用。

▼ 图 3-3　狗獾

样貌可爱的狗獾在育幼期会变得异常凶猛，一旦发现其幼崽受到威胁就死死咬住敌人不松口。另外，它也是对藏鹀窝卵破坏最大的天敌

△ 图 3-4　猎隼（*Falco cherrug*）

秋冬时节，高山岭雀和林岭雀等大量聚集的鸟群在牛圈周围觅食，随之而来的还有它们的天敌猎隼

▽ 图 3-5　红隼（*Falco tinnunculus*）

红隼常年活动于冬季牧场，善于长期埋伏在岩石上观察猎物

2020 年 6—9 月，在对 15 条藏鹀沟调查期间，共记录到 50 个鸟种，其中，赭红尾鸲、蓝额红尾鸲、黑喉石䳭、鸲岩鹨、地山雀、普通朱雀、曙红朱雀（*Carpodacus waltoni*）、戈氏岩鹀是藏鹀周边出现频率最高的鸟类。

在 7 月末和 8 月初，分别在不同的样线中发现，红嘴山鸦开始聚集，有时几十上百只落在藏鹀巢区附近的山坡觅食，此时雄性藏鹀会在离红嘴山鸦群非常近的岩石显眼处鸣唱，直至红嘴山鸦群逐渐离开。

在藏鹀沟中，鸲岩鹨似乎是对藏鹀最有帮助的鸟类，它们擅长担任警卫工作，一旦发现肉食动物靠近，就会站在灌丛最高处鸣叫，发布警告，直至敌人离开。在山谷里承担报警工作的还有鼠兔和旱獭，鼠兔通常生活于山谷较低处，旱獭比较随机。鼠兔的声音比较细弱，传播不远，但旱獭发出的却是名副其实的"警笛"，响彻整个山谷。当鼠兔惊叫四散逃窜的时候，通常是周围出现了狐狸、狗獾、大䴔（*Buteo hemilasius*）、红隼、猎隼等天敌，而旱獭通告的通常是狼（*Canis lupus*）、狗獾、金雕来了。赭红尾鸲和普通朱雀对纵纹腹小鸮比较敏感，鸲岩鹨、普通朱雀和黑喉石䳭（东亚石䳭）通常较早发现香鼬（*Mustela altaica*）。

渡鸦和猛禽也是藏鹀需要时时提防的天敌。渡鸦不仅擅长寻找幼鸟踪迹，而且精通合作捕猎。2020 年 6 月，在俄拉沟调查过程中曾目睹两只渡鸦从山顶开始，合作驱赶、惊扰、俯冲、捕捉两只小云雀（*Alauda gulgula*），一气呵成，最后两只渡鸦分别抓获目标。渡鸦对于草坡上的异常也非常敏感，如果草地被踩踏后留下一片与其他区域明显不同的痕迹，渡鸦会从几百米远飞过来察看。因此，如果在巢址附近停留时间较长，离开时必须将倒伏的植物复原。

红隼、香鼬、狗獾可能是藏鹀最大的天敌。红隼擅长长时间埋伏在岩石上观察。2020 年 8 月末，在俄木龙沟的一个藏鹀巢中，仅有一只幼鸟存活，但它于 9 月 3 日在即将出巢时被红隼猎杀。

猎隼在夏季的藏鹀沟不常见，但进入秋冬时节，随着大量的高山

▶ 图 3-6　觅食鸟群
高山岭雀、林岭雀、褐翅雪雀和黄嘴朱顶雀等冬季在牛圈周边大量聚集觅食

岭雀（*Leucosticte brandti*）、林岭雀（*Leucosticte nemoricola*）、黄嘴朱顶雀等聚集在牧户周边，猎隼也会跟随而来。此时，藏鹀需要担心的不是在河谷开阔草地巡游捕猎的猛禽，而是停栖在沟内岩石上伺机而动的红隼、猎隼和在山脊草原低空探查的白尾鹞（*Circus cyaneus*）。

藏鹀冬季缺少食物时，会飞往河谷较低处的牧户旁、砂石路边或河边草地觅食。此时，它们集成3—10只的小群，与华西柳莺、鸲岩鹨、普通朱雀、戈氏岩鹀等相似体型的鸟类混群，遇到危险时则飞进旁边的灌丛中躲避。河乌（*Cinclus cinclus*）、白眉山雀、地山雀、雪雀等河道内和河边草地灌丛活动的鸟类与它们相安无事。此时的小云雀、角百灵（*Eremophila alpestris*）、麻雀、花彩雀莺（*Leptopoecile sophiae*）、白腰雪雀等也聚集在牧户周边裸露的黑土区域觅食。但是，藏鹀所在的小鸟群并不与大量集中的高山岭雀、林岭雀、黄嘴朱顶雀群体混合。两个群体分别利用不同的区域，其中的鸲岩鹨对冬季的生境选择较为宽容，无论在牧户周边还是在远离牧户的河边灌丛、灌草丛，都有它们的身影。

2021年1月8日的冬季调查中，在俄拉沟2号样线沟口的牧户牛圈样点，记录高山岭雀1170只、林岭雀120只、棕颈雪雀40只、白腰雪雀25只、黄嘴朱顶雀80只、鸲岩鹨35只，并出现了夏季记录中缺少的红腹红尾鸲（*Phoenicurus erythrogastrus*）和角百灵。当日调查中记录的9雄2雌共11只藏鹀所在的鸟群只在冲沟沟口处的灌丛及灌草丛区域活动，并没有去到牧户周边。

与藏鹀同域出现的猛禽中，还有高山兀鹫和胡兀鹫，它们将枯枝搭建的巢安放在巨大的岩石平台上。高山兀鹫以腐臭的动物尸体为食，胡兀鹫以散落在河谷中的动物骨头为食。一只路边死去的狗能吸引20多只高山兀鹫。高山兀鹫在进食时，除了渡鸦、红嘴山鸦、野狗偶尔伺机偷食外，与其他鸟类不存在食物的竞争。胡兀鹫的食物来源充足，也没有见过其他动物与胡兀鹫抢食的情况。

在藏鹀分布的沟谷里，几乎都有高原山鹑（*Perdix hodgsoniae*）的记录。但由于高原山鹑喜爱密集灌丛或灌草丛生境，一般不会威胁

▷ 图 3-7　高山兀鹫
路边一只死去的动物很快被高山兀鹫分食

▷ 图 3-8　香鼬
2021年，在白玉乡夏仓沟的调查中发现，5只鸲岩鹨和2只普通朱雀（*carpodacus erythrinus*）在溪边灌丛顶发出警示，源于一只正在养育幼儿的香鼬捕获了鸲岩鹨的孩子并带回自己的巢穴

藏鹀

100

到藏鹀的巢址和幼鸟。

香鼬在冲沟中下段或开阔河谷附近密集灌丛区繁殖，在灌丛底部挖洞，或在岩石缝隙里繁育后代，有时也在山坡植被稀疏处挖土为穴。香鼬擅长寻找筑地面巢鸟类的幼鸟为食。调查期发现，鸲岩鹨发布警报时，找到香鼬的机会是最大的。在藏鹀繁殖期，如果选择的筑巢区域比较靠近灌丛区，会增大香鼬对幼鸟的威胁。

狗獾大概是地面活动的肉食性动物中，对藏鹀威胁最大的敌人。狗獾的视力较弱，主要依赖嗅觉捕食，特别是在夏季育幼期间，狗獾可以不分白天、黑夜地整日觅食。在2007年的繁殖调查中，唯一找到的藏鹀巢内有4枚卵，都被狗獾吃掉了；2008年的繁殖调查中，共找到5个巢，其中的一个巢内有5枚卵被破坏，根据现场观察也是狗

▼ 图3-9 山噪鹛
山噪鹛是最近几年才出现在白玉乡的

獾所为。

在藏鸦夏季繁殖地生境出现的其他动物还有高原兔、赤狐、藏狐、西伯利亚狍、中华鬣羚等，秋冬季节有藏原羚、岩羊等。冬季觅食地附近还记录 1 雌 1 幼共 2 只水獭（*Lutra lutra*）（2021 年 1 月）。在这些动物中，中华鬣羚越来越常见；水獭由于禁止狩猎等措施，近年来有数量增加趋势。

高原蝮（也有专家判断为红斑高原蝮）的活动比较隐蔽，常发现于山脚多岩石的缝隙、比较干燥的灌丛底部、草丛中的牛粪、多褶皱的岩石上或山坡多碎石的区域，调查中没有观察到它们攻击鸟类。

此外，在白玉寺后山灌丛区，近年出现山噪鹛的记录。2021 年 7 月，有白玉乡河谷地带出现喜鹊的记录，而在往年，白玉乡境内只有年保玉则核心区域的石头山附近才有喜鹊。推测白玉乡鸟类的变化与灌丛区扩大有关。

藏鸦的生存策略

日常的观察让我们对与藏鸦同域分布的其他鸟类及其他动物有了比较清晰的了解，也引发我们思考一些新的问题，例如，以藏鸦的分布范围之小，繁殖率之低，它们是如何抵御不利的环境因素，存活至今的呢？它们在高原上特殊的生境中生存，是出于主动选择还是被动的退让呢？

首先，关于藏鸦的分布区，20 世纪 80 年代以前，世人对藏鸦的记录地点仅限于青海的玉树（结古）、称多、杂多、曲麻莱、囊谦和四川石渠。2000 年后，陆续新增记录地点包括青海久治县（董江天等，2005 年）、甘肃碌曲县（《中新网》，2016 年）和四川白玉县（《四川在线》，2016 年）、青海班玛县（董江天等，2021 年）。似乎，藏鸦的分布区域比我们以前了解的更大了一些。

有趣的是，当我们谈及近年来新发现的藏鹛分布点时，许多人会说："藏鹛还是挺多的嘛！"然而，用已知藏鹛的分布范围与同域分布的其他鸟类的分布范围做对比，就出现了另一幅截然不同的画面。我们可以随机选取几个鸟种加以说明：

鸲岩鹨，繁殖期早于藏鹛，出现于每一条藏鹛沟里。在四川的新路海、雀儿山常见，但那里没有藏鹛。

地山雀，常见于藏鹛沟内较低处的退化草地，也常见于拉萨周边干燥山地，但藏鹛的分布范围没有抵达那里。

红嘴山鸦，是藏鹛沟内的常客，在云南香格里拉的纳帕海也常见，纳帕海没有藏鹛。

白须黑胸歌鸲，以藏鹛沟较低处灌丛密集生境为巢址，在四川巴朗山有稳定的繁殖种群，那里也没有藏鹛。

黄嘴朱顶雀的体形大小也与藏鹛相似，在藏鹛沟内常见，在西宁的塔尔寺一带也非常活跃，但西宁却没有藏鹛的记录。

2020年，在白玉乡的21条调查样线中，白眉山雀不仅是15条藏鹛沟里的常客，也出现在没有藏鹛分布的山谷里。

戈氏岩鹛，与藏鹛亲缘关系最近的鸟类，不仅出现在藏鹛沟，更是中国广域分布的鸟种。

…………

这样看来，在藏鹛沟记录的50个鸟种中，藏鹛确实是分布最狭窄的一种。

其次，对于藏鹛繁育后代的能力，我们先对藏鹛的繁殖率进行初步调查，再与同域分布同为鹛科鸟类的戈氏岩鹛进行比对。

藏鹛每巢的窝卵数2—5枚不等。在2008年7—9月针对白玉乡藏鹛的繁殖调查中，共找到5个巢，窝卵数分别为2、5、5、2、4枚。由于此前数年的观察中已经发现藏鹛繁殖的成功率非常低，遂采取了较强的人为干预，希望能够详细记录繁殖各阶段的时间谱。在经过了一系列的尝试后（如放置汗味较重的衣物驱赶狗獾等的威胁），仍然只获得一个巢5只幼鸟全部离巢的结果。其余的4个巢，一个巢

▲ 图3-10 白须黑胸歌鸲
白须黑胸歌鸲利用较开阔河
谷中谷底河边的灌丛筑巢

中原有的 2 枚卵中，已经孵出的 1 只幼鸟由于巢被大雨冲垮冻死，1
枚卵未能孵出小鸟；两个巢中分别为 5 枚、4 枚卵被狗獾猎食；另
有 1 个巢中 2 枚卵不知所踪。按当年 5 个巢 18 枚卵共孵化出 6 只小
鸟计算，孵化成功率为 33.33%；按 5 只幼鸟成功离巢计算离巢率为
27.78%。需要说明的是，这 5 只成功出巢的幼鸟均来自同一个巢，而
且针对这个巢进行了较大力度的人为保护。[1]

1　居·扎西桑俄、果洛·周杰：《藏鹀的自然历史、威胁和保护》，《动物学杂志》2013 年第 48 卷
第 1 期。

2020年6—9月对藏鹀繁殖地鸟类群落的调查中，在15条藏鹀沟进行了三轮调查，首次记录到幼鸟跟随成鸟活动的日期出现在第一轮调查，8月9日，俄拉沟3号样线2只幼鸟。

第二轮调查，8月16日，夏仓沟1号样线记录幼鸟2只。

第三轮调查，8月31日，俄木龙4号样线记录幼鸟2只；9月8日，夏仓沟1号样线记录幼鸟2只，当日记录藏鹀12只次，可确认不重复的至少为4雄1雌2幼，似乎是夏仓沟一带藏鹀开始集群活动；9月17日，俄拉沟2号样线记录藏鹀12只（分两个批次先后在同一个地点喝水、洗澡，可以确认没有重复计算），其中6雄5雌1幼，应是俄拉沟2号样线周边数条样线的藏鹀已经集群活动。

在繁殖期末期，藏鹀在较大一级的河谷内聚集，此时统计的数量较不容易重叠。如俄木龙沟的藏鹀不会到俄拉沟去。因此，我们将俄木龙沟内各条样线中录得的雌雄成鸟、幼体的数量汇总，以幼鸟总数除以雌雄成鸟的总数，得出幼鸟的占比，依此类推，计算出俄拉沟、夏仓沟（及乔木顶沟）的占比。

分析三轮调查中可确认未重复计算的藏鹀个体中的成幼比例，第一轮幼鸟占7%；第二轮占6%；第三轮占14%。如果按调查中遇见的只次计算，幼鸟占比分别为第一轮4%；第二轮4%；第三轮11%。

那么，在繁殖成功率极低，分布范围极窄的模式下，它们是怎么让种群数量保持稳定而不至于灭绝的呢？

针对藏鹀的研究非常有限，能参考的数据极度缺乏，于是，我们开始进行各种假设：

1. 出巢后的藏鹀幼鸟躲避天敌的能力比较强，出巢后的成活率比较高。

2. 除遭遇极端天气冻死、饿死外，每年成鸟的自然淘汰率比较低。

3. 成年后的藏鹀寿命比较长，提高了繁殖次数。

4. 幼鸟需2—3年成熟，成熟前在原家庭参与、学习哺育雏鸟，提高自己成熟后筑巢、育雏的成功率。这一点来源于数次观察到藏鹀家庭内亚成体参与喂雏鸟的经验。

5. 藏鹀爱洗澡，因寄生虫生病死亡的概率比较低。

6. 不迁徙，减少了迁徙途中的损失。

7. 传统的冬、夏季牧场轮牧方式，使藏鹀巢卵和幼鸟免于踩踏之灾。

8. 藏鹀繁殖期巢址选择在冲沟阳坡半山草地，同科的戈氏岩鹀选择在冲沟较低较靠近沟口处筑巢；藏鹀繁殖时间比戈氏岩鹀略晚，避免了育雏阶段对食物的竞争。

…………

所有这些猜测，都需要通过长期的观察、科学的数据进行验证。逐一证实或推翻各种假设，藏鹀就是这样，不断地激发我们的好奇心，督促着我们去寻求答案、增长见识。

▼ 图 3-11　牦牛群
冬季牧场的早晨，常常遇到上百头的牦牛群，此时开车进沟需要有人下车赶开牦牛群才能通过

冬季牧场休养期与藏鹀繁殖的关系

在观察藏鹀繁殖生态的过程中，仅仅是观察不同鸟类的巢就已经足够有趣了。

藏鹀沟里繁殖的鸟类有许多种，我们从天上往地下说。

高山兀鹫、胡兀鹫、金雕等大型猛禽的巢址通常选在岩石峭壁的平台上，以枯枝松散地搭建起来，巢中用干草、细枝、哈达碎片、经幡碎片、牦牛毛等比较柔软的材料铺垫。我们在观察一巢金雕时，发现巢里不仅有一只高原山鹑躺在幼鸟脚边，还有一尊金光闪闪的小佛像。

喜欢在岩石上营巢的还有烟腹毛脚燕，它们有时利用岩石为顶，衔来湿泥和苔藓、植物碎屑筑半个泥碗为巢，有时利用岩石掉落后的小平台略筑起一圈泥墙为巢，如果有合适大小的岩缝也会直接利用。

纵纹腹小鸮喜欢找较大的岩石缝隙为巢，也会利用坍塌土壁上的洞穴。大多数情况下它们以啮齿动物为食，最多捕食的是鼠兔。但，

▼ 图 3-12 高山兀鹫
高山兀鹫冬季繁殖，其巢址位于峭壁之上，巢相对简陋，但胜在风光优美。这个巢里有一块红色毛毡已经被幼鸟的粪便污染得看不清颜色。它是一只今年出生的小鸟，只有 5—6 个月大，刚开始学习飞行，还不够自信

如果被它找到已经孵化的小鸟，它也不介意当作食物，因此不受小型鸟类的"欢迎"。

藏鸦沟里大多数的小型鸟类在灌丛的中、上层枝叶密集处，以植物细枝、干草、牦牛毛等材料筑巢，如普通朱雀、曙红朱雀、华西柳莺、花彩雀莺等。花彩雀莺的巢材中利用了较多的牦牛毛和苔藓，看起来精巧舒适，巢口很小，常用一根高原山鹑的花羽毛充当"门帘"。

和藏鸦一样营地面巢的鸟类也有几种。如地山雀除了利用鼠兔的洞穴，更多时候喜欢在人工挖掘后或自然崩塌的土壁上挖掘洞穴为巢；白眉山雀也乐于利用土墙凿洞为巢；白腰雪雀比较懒惰，大多数利用鼠兔洞穴，它们与鼠兔在同一洞穴里各自哺育自己的孩子；棕颈雪雀中有部分也用鼠兔洞，但有些也利用山坡上岩石下的缝隙；鸲岩鹨、戈氏岩鹀较多利用灌丛根茎下的空隙筑地面巢。戈氏岩鹀对巢址的选择比较随意，甚至可以利用保护站院墙外的杂草地。

藏鸦的巢形并不固定，似乎倾向于根据找到的地形进行修缮。例

▼ 图 3-13　纵纹腹小鸮
这是一只成年的纵纹腹小鸮，身后是它的巢穴，幼鸟应该还在巢内。它是日行性猫头鹰，通常在白天猎杀啮齿动物，偶尔也捕食小鸟。这只纵纹腹小鸮原本是蹲在半山的围栏上观察猎物，被赭红尾鸲和普通朱雀轮番对它鸣叫、示威，不堪其扰，它飞了回来

如，2012年跟踪的一巢藏鹀，在幼鸟出巢后，将巢取出，发现巢横向嵌入土坑里，因此巢的形状是一端略尖的椭圆形碗状，碗沿的一侧向上隆起为半个弧形"屋顶"。在没有将巢取出之前，这个"屋顶"的上方是一丛非常浓密的杂草，"屋顶"与草根相连接，遮蔽性非常强。巢下略微凹陷的泥土结实而平缓，没有石子，似乎经过了仔细的整理。这个巢形与R. M. Thewlis等于2000年在*Forktail*刊物上发表的一个1997年在靠近青海玉树州囊谦县记录的藏鹀巢造型相似。[1]我们于2020年8月发现的藏鹀巢的巢形也与所依托的土坑相契合，呈不均匀的椭圆形，在土壁一侧较薄，靠外一侧较厚；这个巢并没有"屋顶"，但巢的上方也有浓密的杂草下垂进行遮挡。

更多的藏鹀巢大致相同，如在2008年观察的5个巢中，除一个巢被破坏无法测量外，其余四个巢大致上都是碗形，开口向上，由经过一个冬季干燥枯萎的"嘎"草编织而成，内铺少量牦牛毛。4个巢的（内）直径为7—8.3厘米不等，巢内底部至巢口直径之间的深度为5—6厘米。2020年8月末发现的巢，直径为8.5厘米。巢基本上都紧邻冬季牦牛踩出来的小路，不是平放在地上，而是向内的一侧略高，巢口略倾斜向上，巢口朝向为东或东南向。

我们观察到的藏鹀繁殖地均出现在冬季牧场，即牧民冬季放牧的草场，在夏季休牧。2020年6—9月的调查期间，6月24日开始调查时，牧民已经全部迁离，直至8月末，除了偶尔遇见4—6人上山挖药材外，遇到的牧民也只是回到山脚的家里取物品或一般性地查看，没有其他人上山。9月3日，首先在夏仓沟发现2户牧民迁回冬季牧场，已经搭好帐篷并在山坡放牧牦牛，比往年提早了近一个月。2020年8月31日，在俄木龙记录的藏鹀巢内尚有两只雏鸟，通过未长出正羽可知大约为3—5日龄，也就是说还需要5—7天才能出巢。以此推算，如果夏仓沟也有未出巢的幼鸟，恐怕会遭到牦牛踩踏而丧生。

1　R. M. Thewlis, R. P. Martins. "Observations of the breeding biology and behaviour of Kozlov's Bunting Emberizakoslowi". *Forktail* 16（2000），pp.57—59.

▶ 图3-14　白腰雪雀
白腰雪雀雪白的脸上长着一对"熊猫眼"。它们经常利用鼠兔的洞穴作为自己的"窝"，因此，在较平缓处的退化草场经常能看到它们的身影，例如在开阔河谷的河边短草区和冲沟沟口裸露土地较常见

▶ 图3-15　棕颈雪雀
棕颈雪雀也比较喜欢短草区，也会利用鼠兔洞穴作为巢址。棕颈雪雀选择生活的区域比白腰雪雀略宽，从冲沟内半山轻微退化草场以下至开阔河谷的河边都有它们的身影

2021年5月中旬，在班玛县发现藏鹀的地点也是冬季牧场，在记录点周围的冲沟进行排查过程中发现。班玛县牧民接到管理部门通知迁往夏季牧场的时间为6月最后一周，比传统的搬迁日晚15—25天。

　　2021年7月6日，在班玛县发现的藏鹀巢中有卵2枚。根据果洛·周杰于2008年观察的一个藏鹀巢，雌雄藏鹀用4—6天合作筑巢，空置7天后产下第一枚卵，第一枚卵的孵化需要10—12天。[1]假设藏鹀筑巢均有此特征，并以此推算，可以得到班玛县的藏鹀在6月中下旬开始筑巢。如果筑巢后空置7天只是个案而不具有普遍性，则班玛县的藏鹀筑巢时间也应该可以确定在6月末。

　　1963年6月底，中国科学院西北高原生物研究所李德浩先生一行于6月24日在青海玉树州杂多县捕获1只藏鹀幼鸟，[2]可以推测杂多县藏鹀的繁殖期比果洛州班玛县更早。

　　根据目前已知的繁殖记录进行推算，藏鹀在青海果洛州久治县、班玛县及玉树州杂多县的筑巢期略有不同，杂多县较早开始于6月上旬，班玛县开始于6月中下旬，久治县开始于7月上旬。

　　由于藏鹀巢非常隐蔽而不易找到，因此所获得的数据有限。以上推测是否属实还有待更多的观察与研究。如果推测获得证实，出于对藏鹀这个中国特有濒危物种的保护考虑，冬、夏季牧场轮牧的时间也需要进行相应的考量，以免由于牲畜踩踏而导致繁殖成功率的下降。看起来，果洛地区传统的牧场轮换时间为5月下旬和10月上旬，与藏鹀的繁殖期非常契合。据近年的考察，藏鹀的繁殖期为6月上旬至9月下旬，我们可否将其理解为，这是它们对千百年来牧民实行冬季牧场休牧的被动适应呢？

1　年保玉则生态环境保护协会：《藏鹀观察记录》，中国—欧盟生物多样性项目，2008年。
2　李德浩、郑生武、郑作新：《青海玉树地区鸟类区系调查》，《动物学报》1965年第17卷第2期。

△ 图 3-16 藏鹀幼鸟

△ 图 3-17 鸲岩鹨幼鸟

△ 图 3-18 褐翅雪雀幼鸟

△ 图 3-19 白须黑胸歌鸲幼鸟

藏鹀的藏文命名

随着对藏鹀观察的深入，区域的鸟种记录也越来越全面。加上年措协会成员对植物、昆虫、大型哺乳动物的关注，一个新的问题也随之显现——缺少这些物种对应的藏文名称。这对日常的走访、资料整理造成很大的困难，于是，年措协会将收集、整理有关动植物的典籍、文献、民间故事作为重点项目，并由扎西桑俄主持命名藏文名称。

西藏古老的苯教典籍中保存了藏地大多数的卵生神话故事，讲述宇宙起源和人类来源于卵。卵生神话之卵主要包括两大类：一类为神鸟之卵；另一类卵与神龟或其他动物有关。[1]

在 13 世纪西藏著作《朗氏家族史》中有这样的描述："从地、水、火、风、空中产生一卵，后由卵壳、卵清生成白岩石和海螺湖，卵液产生出六道有情。卵液又凝聚成 18 份，即为 18 枚卵。从海螺的白卵之中跃出一个有希求之心的圆肉团，他虽无五识，却有思维之心，并由此而产生人及动物。"[2] 这与著名的法国藏学家石泰安所著《西藏的文明》来自同一母题。石泰安著作中转述藏族文化人类起源说之一为"两只鸟，在巢中有 18 枚卵，6 枚白色的，6 枚蓝色的（世界的三层及其神仙们的颜色），从中间的 6 枚卵中出生了人"[3]。

琼珠在《藏族创世神话散论》[4]中说，藏族的宇宙与人类起源神话可划分为象雄型、雅砻型和安多型，其中，象雄型古籍代表苯教著作《斯巴卓浦》中描述了卵生世界的神话；雅砻型苯教著作《黑头矮子的起源》认为："世界最早是空的，后来有了两仪，凶险作母，明亮作父，此后从露珠中产生一湖，湖中的一个卵孵出一光亮一黑暗的两

---

1 林继富：《西藏卵生神话源流》，《西藏研究》2002 年第 4 期。

2 大司徒·绛求坚赞：《朗氏家族史》，赞拉·阿旺等译，西藏人民出版社，1989 年，第 4—6 页。

3 [法]石泰安：《西藏的文明》，耿昇译，中国藏学出版社，2012 年，第 217 页。

4 琼珠：《藏族创世神话散论》，《民族文学研究》1989 年第 2 期。

▲ 图 3-20　天珠

只鸟，两鸟相配生了白、黑、花三个卵，从而繁衍出神和人类。"[1] 与之相呼应的是安多型创世文化；安多型认为，向上举起天的是大鹏，大鹏是卵生的，阿罗汉也是卵生的。两者内涵十分接近。[2]

部分学者认为，西藏先民立足于对原始神鸟的崇拜，创造了自己的卵生文化，此后吸收印度卵生神话和波斯文化中的二元论思想，加之佛教理论的长期浸染，逐渐演化成西藏神话中一种主要的、独具西藏风格的卵生信仰模式。

人类起源卵生说以及传统文化对鸟兽的崇拜，无疑对扎西桑俄产生了极大的触动：如果藏鹀也是人们心目中的神鸟，必然比单纯宣讲休牧和保护冬季草场更为有效。如何给藏鹀起一个能让人记住又饱含特殊意义的藏文名称，与未来藏鹀保护的成效息息相关，这让他颇费了一些心思。

自 2007 年起，扎西桑俄开始在学校、寺院宣讲保护藏鹀的重要性，强调改变传统放牧方式的危害，随后数年经过多方奔走，年措

1　转引自拉关：《以卵生说为中心的藏族宇宙起源论研究》（硕士学位论文），中央民族大学藏学研究院，2016 年。

2　琼珠：《藏族创世神话散论》，《民族文学研究》1989 年第 2 期。

▲ 图 3-21　藏鹀保护壁画
年措协会在交通要道上绘制
巨幅藏鹀保护壁画，并将报
废汽车改装为宣传车

协会与当地 23 个寺院活佛合作，于 2011 年正式确立藏鹀为年保玉则神鸟，命名为天珠鸟（发音接近"子须"）。天珠为藏地圣物，被人们赋予吉祥、消灾、祛疫、殊胜、庄严、高贵、富足等美好寓意，也是被藏族奉为具有极高加持力的佛门圣物。藏鹀头部羽毛的纹路正好是黑白相间，如同天珠图案，命名为天珠鸟，既包含良好寓意又容易被记住。高僧大德共同签署藏鹀为年保玉则神鸟的告示，使天珠鸟成为广大牧民心目中具有信仰与生态保护双重含义的"图腾"。事实证明，这一方法非常有效。如今，在青海果洛地区，可能有人不知藏鹀，但"天珠鸟"却是无人不晓。

物种的藏文命名是一项需要长期积累并且异常艰巨的工作。历史上，藏医对植物的分类与鉴定主要以嗅觉、味觉以及服用后有什么效果为依据，植物的形态是其次的。没有药用效果的动植物在藏语中很少被命名。[1] 少量大型动物虽然被命名，但通常只有一个音节并且没有

1　年保玉则生态环境保护协会：《三江源生物多样性手册》，西藏藏文古籍出版社，2019 年，第 8 页。

特殊的含义，例如高山兀鹫，藏文字面的意思是"翅膀靠近身体的部分是白色"，而随着记录的鸟种日益增加，具有这种特征的鸟类越来越多，无法从这种描述上加以区分。

为此，由扎西桑俄牵头，年措协会制定了藏文物种命名的规则数条：

1. 对各种生物进行拍摄、分类，植物采集标本。

2. 对部分传统藏药涉及的物种名称进行保留，估算约占植物和矿物的 80%。

3. 对一些原有藏药名称的物种进行部分修改，保留原藏文名称中的经典部分，同时参照国际上通用的分类与命名方法进行名称的补充，主要涉及一些藏文名称特别长或与其他物种存在重复命名的物种。

4. 对无法考证藏文名称的物种，特别是鸟类和其他动物，依照国际上通用的分类与命名方法进行藏文命名。

5. 对于少数只有方言或口头名称的物种，先记录口语发音备查，其中涉及一些三江源地区的物种未有机会请专家帮助辨认，也有部分物种是因为不同专家提出了不同的鉴定意见，还有部分物种（主要是植物）在传统藏医学中的分类方式与当下的生物学分类有较大分歧，均将传统的藏文名称进行备注，以备将来讨论。

自 2011 年，扎西桑俄开始投入大量时间、精力参与多部藏文典籍的编撰工作，他主要负责动、植物的命名及分类说明，其中包括《汉藏英常用新词语图解词典》（慈诚罗珠主编，四川民族出版社，2018 年）。

受"天珠鸟"的启发，在藏文命名的过程中，考虑到名字中尽量保留传统文化的元素更容易被本土居民所理解和接纳，因此，收集了大量的古老传说和民间故事。我们以藏区具有代表性的四个鸟种为例：

（一）渡鸦

相传，朱巴嘎波是专门安排动物领地的神，他在划分领地的时候，把渡鸦分到了羌塘，乌鸦分到了森林。由此，在青海果洛州班玛县，以县城边（玛柯河边）的阿什羌寺（又称阿什琼寺）为界，往上游方向走只能遇到渡鸦，往下游走遇到的则是乌鸦。

人们关注到，一条山谷里只有一对成年的渡鸦，它们每年生下5—6只小鸟，但山谷里却仍然保持只有一对成年的大鸟。为什么一个地方的渡鸦数量会保持长期不变呢？因为渡鸦的小鸟都会被父母送到一个被称为"嘎巴加让"的地方去。传说中，嘎巴加让位于西藏那曲和青海可可西里地区，是古代人们去拉萨朝拜时经过的地方。每年的藏历四月（公历6月），山谷里的大、小渡鸦会突然一起消失，15天后只有大鸟回来，那是渡鸦父母把孩子送到嘎巴加让去了。

藏族特别喜爱的三大神鸟是喜鹊、渡鸦、黑颈鹤。牧民对渡鸦的

△ 图 3-22

渡鸦向牧民乞食

图中左上杆头有只渡鸦在鸣叫。渡鸦对于牧民而言，也是"家庭成员"之一。当它在杆头乞求食物时，女主人或孩子们很乐意提供帮助

感情来源于放牧时，如果有狼来偷袭牲畜，渡鸦就会表现出一种特有的飞行姿态，使劲扑扇翅膀，提醒牧民有危险。如果来袭击羊群的是草原雕或金雕，渡鸦就会把脚爪握成拳头，从背后击退它们。

由于长期以来，渡鸦的行为多次被验证能够预报出行人的归程，它也被称为算命鸟。例如，渡鸦可以飞行100—200千米，跟随"家人"一起出门。有一户牧民家的男主人去松潘等地买茶，渡鸦就一路跟随而去，之后的一天，渡鸦飞回来咕噜咕噜地叫，留守的女主人就知道出外的丈夫要回来了，拿些酥油奖励渡鸦，渡鸦就很高兴地享用美食。另有牧民讲述，家人出门打猎，渡鸦也会跟随而去，回程时渡鸦飞得比猎人骑马快，提前回来的渡鸦就会落在帐篷上，如果它无声无息，说明没有打到猎物；如果发出咕噜咕噜的叫声，就说明猎人会带着猎物回来。

渡鸦在果洛人民心中的地位之高，可以从一句藏文谚语窥见一斑："伤害一只渡鸦，家里就会死去一匹马；伤害一只红嘴山鸦，会死一头母牦牛。"

白玉乡甲根沟的牧民至今还保留着让家中孩童给渡鸦小鸟喂食物的传统，因为人们相信，等孩子长大后，万一遇到缺少食物时，也会有好心人提供帮助。

在藏族的天文历算中，关于鸟类的物候记录常常以歌谣的形式出现，"蓝鸟到，黑鸟飞"说的是大杜鹃到的时候，渡鸦的小鸟就可以飞了。记载中藏历1月（公历3月）是渡鸦月，渡鸦公历3月下蛋，小鸟4月出壳，最晚6月25日之前，渡鸦父母会把小鸟送走。

与渡鸦数量的稳定一致，黑颈鹤也如此，每年离开时4只，回来时2只。从2011年开始，黑颈鹤仙女项目的长期监测显示，在白玉乡繁殖的黑颈鹤没有增加，一直保持着16对。孩子们被送到哪里去了呢？人们不由得联想到渡鸦的传说：渡鸦选择大雾弥漫时带走小鸟。大鸟不让孩子们回来，是为了让孩子们自己找对象找地盘。

随着交通日益便利，去往拉萨的道路越来越通畅，人们带回的消息证实，在青藏公路沱沱河镇一带，常常有大量聚集的渡鸦，让人们

▲ 图 3-23
热贡地区藏戏中的渡鸦角色

不禁猜测，也许那就是传说中的嘎巴加让——渡鸦送小鸟去的地方。

关于动物的寿命，在口述的民间故事中也有说法：黑色千年，说的就是渡鸦寿命可达千年，寓意长寿。

在热贡地区，还有专门的渡鸦金刚舞，讲述着渡鸦是玛哈嘎拉神的神鸟。

（二）麻雀

麻雀在果洛地区有许多称呼，如房子雀，因为没有房子的地方没有麻雀；青稞雀，是说它喜欢吃青稞，因为人们观察到青稞颗粒比较大，只有麻雀能咽下去，其他的小型鸟并不爱吃；村庄雀，是指在有房屋的村庄区域才有麻雀，在搭帐篷的牧区没有；农村雀，说明在种植农区有麻雀，而在放牧的牧区没有。

▲ 图 3-24　卧于烟腹毛脚燕旧巢的麻雀

一只麻雀似乎很喜欢这个烟腹毛脚燕去年筑的旧巢。它先在旁边打量这个巢许久，然后试探着攀在巢口"思考"了一会儿，然后卧在里面许久，似乎很满意

▶ 图 3-25 麻雀

麻雀是一种亲人鸟类，在果洛地区的居民区和寺院周边有很多，随着果洛地区人口的增加，麻雀的数量似乎也在增加。9月的天气变冷，它们开始傍晚在寺院旁边的灌丛聚集

　　麻雀与修建房屋也有着千丝万缕的关系。果洛藏族认为，在比较荒野的地方，第一个建房子的家庭容易出现不吉祥的事件，需要带一些麻雀去，才能建房。所以，如果谁家修建的墙壁倒塌了，就需要请麻雀去帮忙。在白玉寺的记载中，初建寺院时墙壁倒塌了几次，于是僧人们用几匹马从四川省德格县运回一批麻雀，放生在白玉寺后，寺院的工程才得以顺利完工。无独有偶，甘德县夏日寺开始建房时也是

倒塌了几次，于是从白玉乡运了一批麻雀过去，才将寺院建成。

　　还有一则有趣的记录：有人在白玉乡俄木龙沟下游的日尼沟发现了麻雀，一位喇嘛据此认为，那里将会出现房屋。不久之后，一个善断风水的人在那里修建了第一个擦擦屋[1]，之后，被很多人效仿。渐渐地，麻雀似乎成了风水好、适宜土木工程的符号。

▲ 图 3-26　喳喳屋
擦擦屋，通常建于藏族认为风水好的河谷谷口，为亲友及动物祈福

1　擦擦屋为一种微型房子，用于堆放祈福的小塑像，小塑像大多为泥质，造型包括佛像、动物、经文等。

△ 图 3-27

蹲在塔尖上休息的麻雀

在果洛地区，麻雀是能为人们建筑
施工带来平安、吉祥的动物

　　家在白玉乡的扎西桑俄和家在班玛县的阿南术达南等僧人都曾经
观察到，麻雀经常携带一种菊科植物回巢，当它们的幼鸟身上因寄生
虫发痒时，麻雀用这种植物覆盖小鸟来驱虫。

　　在藏区，很多药材是这样经由观察动物而发现的。根据扎西桑俄
的统计，文献中记载了 22 种由动物发现的藏药植物，其中一个主要
原因是山上的修行者经常遇到动物，他们观察到动物生病或受伤时会
吃某些植物，于是把这些动物的症状、行为和采集的植物记录下来，
在人出现同样症状时使用这些草药，确实起到了治疗作用。可以说，
最早的藏医药学是向动物学习而来。

（三）赤麻鸭

赤麻鸭在藏地民间被称为黄鸭，它通体颜色橙黄，与僧服、袈裟接近，是象征出家人的鸟类。长久以来，人们观察到高原上的赤麻鸭会在冬季飞回印度，恰似许多高僧夏季到西藏、冬季回印度的修行之旅。

据史料记载，阿底峡尊者60多岁来西藏时，当时的国王广发告示，征集一个新的乐器设计方案，以隆重欢迎阿底峡尊者。一位乐师发明的长角号有幸被选中。但是，欢迎仪式上应该吹什么音调是个难题，众多乐师齐聚一堂，经过激烈讨论后决定，采用赤麻鸭飞行时鼓翼扇动的气流声创作吹奏旋律。由此，赤麻鸭也象征阿底峡尊者的殊胜、尊贵。

走访藏地就会发现，藏传佛教的寺院大门两侧各绘有一只双头的鸟类：绿色的双头鹦鹉和橘黄色的双头赤麻鸭。这两者都是翻译家的化身，表示翻译家都至少懂得两种语言。其中，绿色代表在家的翻译家，黄色代表出家的翻译家。藏族文化的发祥吸收了众多外来的文化思想，包括佛教的引入都离不开翻译家的功劳，因此，翻译家被藏族奉为世界眼，不仅受人尊敬，而且待遇也很高。将双头鹦鹉和双头赤麻鸭绘制在寺院门口（以及大经堂），目的是提醒人们世世代代不能忘，正是有翻译家才有了现在的藏文化。

▽ 图 3-28　寺院门口的双头赤麻鸭（左）和双头鹦鹉（右）

赤麻鸭的孩子们已经长大，
体形大小和父母接近了。中
间那只有黑色领圈的是成年
雄性赤麻鸭，看起来这个家
庭由父亲带娃

▷ 图 3-30　赤麻鸭
飞行振翅发出的声响启发人
们创作出在盛大庆典活动中
吹奏号角的旋律

　　过去，藏区特别穷的家庭有时需要靠狩猎旱獭养家糊口。曾经有
牧民冬天挖开旱獭洞时发现赤麻鸭与旱獭同时在洞穴中冬眠。[1]

　　更多来自牧民的采访显示，赤麻鸭夏季利用山坡上的旱獭洞进行
繁殖，且选择的是正在使用中的旱獭洞穴，与旱獭同时在洞内居住。
当幼鸟长大时，赤麻鸭经常伫立在洞口观察天气，以选择一个合适的
日子带幼鸟去河边。但，它们似乎并不擅长判断天气变化，选择的日
期经常下大雨，因此会有很多幼鸟死去。因此，民间有一种形容运气
不好的说法："像赤麻鸭看天气一样（不准）。"

1　赤麻鸭冬眠，超出我们目前对这个鸟种的理解，只能暂且作为记录以待进一步观察证实。

赤麻鸭装死，也是人们经常说到的行为，通常发生在赤麻鸭身边有幼鸟的时候。当有人走得离它太近时，它才突然翻身起来逃跑，旁边的幼鸟也四处逃窜。如果你去追幼鸟，成鸟就会假装翅膀受伤仰面朝天一动不动，这时翅膀腹面的白色斑块特别醒目，是它力图吸引天敌的注意，以掩护幼鸟们借机逃跑。

相传，赤麻鸭是由龙护佑的神鸟。赤麻鸭小的时候由龙保护，因此，可以潜水。当它们的翅膀上长出绿色斑块（翼镜）时，龙王就不再保护它们，因此赤麻鸭成年后就不能再潜水了——因为龙王放手了。

牧民将对赤麻鸭的观察结果演绎成神话故事并口口相传，体现了藏族文化中唯物观与想象力的结合，正如藏族谚语："自己的环境是自己的作品，自己的人生也是自己的作品。"从山山水水而来的故事，是自己的作品，如同一个人的衣着行为、想要成为一个什么样的人，都是由自己设计而成的，是方方面面的实践最终塑造了自己这个作品。可以说，民间故事既体现了藏民族乐观豁达的天性，也表达出对环境的理解和愿景。

（四）红嘴山鸦

红嘴山鸦是阿仲玛护法旗下的神鸟。

人们相信，可预见未来的动物有许多种，如红嘴山鸦、蚂蚁、老鼠、青蛙、蛇等，都具备提前预知地震、雷电、暴雨等自然灾害的能力。

一个真实的事件发生在距离白玉乡约 10 千米的哇尔依乡。那天，白玉寺 20 多位僧人正在满格村一户牧民家念经。下午五六点，在这户牧民家屋檐里生活的红嘴山鸦着急地把 4 只幼鸟叼出来扔到地上。僧人们都猜测可能是他们念经的声音太响，红嘴山鸦不高兴了。不久之后，猛烈的冰雹伴随着电闪雷鸣而来，炸裂般的雷鸣甚至导致几个僧人晕倒。大家急忙救助受伤的僧人后，出门查看灾情，发现红嘴山鸦巢上方的屋顶已经被劈裂。有趣的是，虽遭雷击，红嘴山鸦却不愿

△ 图 3-31　红嘴山鸦

住在扎西桑俄家屋檐里的红嘴山鸦夫妇已经 18 岁了

意离开它们的家，不停歇地在破损的屋顶里徘徊、鸣叫。当僧人们帮助屋主修复了屋顶之后，红嘴山鸦一家又高兴地住了回去。

在牧民眼里，红嘴山鸦恋家、聪明，还调皮捣蛋。

说它聪明，是因为它会"做生意"。红嘴山鸦有的时候在野外找不到食物，就偷懒到街上找人们遗漏的食物残渣，实在找不到了，就飞到附近的草地、山坡翻找闪亮的小物件，有时候是一根针，有时候是戒指、耳环，甚至还会趁人不注意偷人家摊在院子里晾晒的贝母，叼着这些东西去街上找摆摊的老人家，把东西放在老人家面前换取食物。

白玉乡的医生巴噶尔家也有一对红嘴山鸦，它们在讨食的时候就叫："巴噶尔，巴噶尔。"

扎西桑俄家的红嘴山鸦也会在冬季大雪找不到食物时，用嘴敲厨房的窗户，这时，阿妈就会从牛肉上切一块肥肉扔出去喂它们。

红嘴山鸦的年龄一直是个谜，以前的果洛居民属于游牧民族，在牧场搭帐篷而没有固定的房屋。每年两次搬迁帐篷，都有红嘴山鸦随着一家人迁居。但牧场周边的红嘴山鸦很多，难以辨认是哪一只，因此很难判断它们的年龄。

乡镇化以后，扎西桑俄家定居在白玉乡政府所在的街道。2004年，一对红嘴山鸦"夫妇"在他家的屋檐下筑巢了。红嘴山鸦一旦在一个屋檐下定居，只要不被屋主赶走，就会一直住下去。每年出生的小山鸦长大到可以独立觅食的时候，就会被赶走。小山鸦当然是不愿意自己觅食的，总会赖着不走，这几天院子里就被闹得鸡飞狗跳。在父母义无反顾的驱赶下，小山鸦终于不再回来，院子里才恢复宁静，只有屋檐里传来的"笃笃"声，那是红嘴山鸦夫妇正在一丝不苟地将"家里"木板上小山鸦留下的粪便打扫干净。

　　至今，扎西桑俄家的红嘴山鸦夫妇已经至少18岁了，它们还在每年产卵，但是有些年份没能孵化出小鸟，有些年份只能孵出一两只。

　　扎西桑俄认为，人和动物的和谐共存，很重要的一点就是互相尊重。这体现在两个方面：一方面是从动物的角度出发，无论是食草动物还是食肉动物，都应该与人保持安全距离；另一方面是从人的角度而言，也应该与野生动物保持距离，而不能像与家畜之间那样近距离接触。相互之间有距离的相处，才能称为和谐共存。也正因为如此，扎西桑俄家的红嘴山鸦虽然与家人一起生活了18年，但也至少保持5

▼ 图 3-32　红嘴山鸦

在寺院经堂里定居的红嘴山鸦孵出三只小山鸦，它们每天听佛经，还顺便把屋顶凿掉一大块

米以上的距离。

近年来跟随牧民定居在白玉乡上的红嘴山鸦越来越多了。居民的屋檐已经不能满足红嘴山鸦种群日益增长的需求，它们开始占据寺院建筑的屋檐。2020年7月，白玉寺一所新建的经堂尚未投入使用，大门走廊的屋檐就已经被一群红嘴山鸦占领，屋檐下的地面每天都被粪便铺满。它们还经常为了钻进屋檐把旁边的墙面凿开，让寺院的管家们很是头痛。

尽管有些鸟类的习性给人们的生活带来了不便，人们仍然持宽容的态度，不去伤害它们，因为"它们也要生活……它们也有孩子需要喂养啊"！

在过去，典籍、传说、故事中对鸟类的描述是牧民鸟类知识的主要来源。随着藏鸦这种"神鸟"在果洛地区日益深入民心，许多牧民开始主动向年措协会报告藏鸦的信息。在日常观察中，他们很自然地去套用"故事"中的场景。例如，当讨论藏鸦数量很少时，有人会想到，是不是藏鸦像渡鸦那样把孩子送到"嘎巴加让"去了？当某年冬天大雪，天气极寒的情况下冻死了几只藏鸦，牧民开始更加注意在院子里堆放干草，因为想到既然麻雀喜欢到草堆里避寒，也许藏鸦也能如此过冬。牧民昂宝还提出过一个问题："为什么藏鸦不像其他鸟那样在屋檐里筑巢？"在这些疑问、尝试、对比的过程中，有些被证实可行，有些被否定，牧民们也随着这个过程，对鸟类的习性及生存要素有了更清晰的理解。

藏鸦保护的失败尝试及反思

我们在白玉乡开展鸟类调查与保护的初期，由于认知的不足，出现了判断的失误。

2005年夏天，在白玉寺后山发现藏鸦时，一雄一雌引领一只幼鸟。幼鸟处于刚离巢的阶段，可以理解为那里是藏鹀的繁殖区。

白玉寺后山属于白玉寺管辖范围，也处于白玉乡的冬季牧场区域。寺院周边的居民中有一部分人在这个季节本应在夏季牧场放牧，因为家中有人去世或刚经历大的变故而需要念经，就暂时居住于寺院附近，跟随而来的牦牛数量不多，仅用于日常提供自己所需的牦牛奶和制作奶酪。因此，当时的后山有少量放牧的牦牛。

按照我们当时的理解，对藏鹀这种地面筑巢的小型鸟类，减少踩

▽ 图 3-33
藏鹀沟的冬天

踏的危险是很有必要的。于是，我们与寺院商量能否把发现藏鹀那小片冲沟圈起来，禁止放牧。次年，目标达成，白玉寺同意将后山的冲沟自两侧山脊用围栏圈定为藏鹀保护小区，禁止放牧，面积大约为0.45平方千米。

然而，自2006年夏季开始，在这片区域没有再发现藏鹀。我们猜测藏鹀会不会在旁边的冲沟活动？但是，调查的结果是，整个乡街道与寺院同侧约2千米范围内与之平行的其他冲沟内都没有找到藏鹀

的踪迹。

2011年前后，禁牧后仅仅过去5年，惊人的变化已经出现了。

后山圈定的藏鹀保护小区内，冲沟阴面一侧的山坡鲜卑花灌丛的高度从原来的0.9—1.5米长至1.2—1.8米，并且局部达到2米；原先的灌草丛区域已经完全被浓密的灌丛覆盖，部分原先为草地向灌草丛过渡的区域也发展为灌丛。整体而言，阴坡草地面积减小，灌丛面积增加，灌丛密度和高度都增加；阳坡草地和灌丛的比例变化不大，但原有的零星灌丛更加高大。药材大黄的数量有所增加。

还有一种特殊的植物引起扎西桑俄的注意。1990年前后，他在白玉寺佛学院学习期间，在学院内约40平方米范围内有一种草，没有出现于其他地方。他给它取了个藏文名字，意思是黄色的稻草（当时他还没有见过稻米，是他想象中的稻草，后经专家帮助识别为黄穗臭草）。白玉寺后山禁牧后，这种草于2011年前后在后山沟谷中开始局部生长，2020年已经覆盖整个山谷。

另外，保护小区内的动物也出现了明显的变化。相对于2005年而言，2020年前后在小区内活动的西伯利亚狍、香鼬、巢鼠、大耳姬鼠、高原蝮数量显著增加，而高原鼠兔和雪雀消失了，并且保护小区在冬天成为白尾鹞最喜欢的猎食场所，2只山噪鹛也出现在此越冬。

白玉寺后山藏鹀保护小区的案例给我们提供了一个真切的感受：有牦牛被放牧时，各种植物之间的竞争是平衡的。但禁牧后，部分植物如黄穗臭草显现出明显的优势。

其间，我们也尝试局部恢复放牧。于2015年前后，后山局部开放用于放牧后发现，去吃草的牦牛经常拉肚子。牧民根据经验判断，是由于草地长期没有被牦牛啃食，年复一年堆积、腐烂的草及根茎所致，并由此判断禁牧数年后的牧场不再适合放牧。

白玉寺后山藏鹀保护小区的现状与我们最初的预想迥然不同。它提醒我们，即便是出于保护动物的发心，也需要站在动物的角度，通过研究它的生活习性、遭受的威胁、与其他环境要素之间的关联等层面进行分析，只有足够了解它们所需，才能不陷于自以为是的泥沼，导致不可逆转的变化。

同时，这种反差也促进我们更全面、理性地思考、看待环境问题。比如，在气候变暖的大趋势中，人类能否适应？其他动物能否适应？再以白玉寺所在的俄曲河谷为例，穿过寺院门前的马路，走过约 200 米的草地就是玛柯河上游的俄曲河。2005 年我们开始做鸟类调查时，河对面的山坡除了紧邻河边有稀疏的灌丛外，整个山坡都是草地。2015 年前后，灌丛已经发展到山坡下部 1/3 处，此时已经开始有高原兔出没。这个山坡的高差大约为 80 米，比较平缓。2020 年，我们发现，这个山坡已经被灌丛覆盖至山顶，西伯利亚狍经常活动于此。

对于气候变暖，白玉乡居民普遍觉得是好事。一则笑话在果洛地区广为流传，说的是 40 年前，果洛居民只有藏族，主要食物除了牦牛肉、羊肉，就是青稞面制作的糌粑、牦牛奶制作的干奶酪。当地几乎没有汉族人也没有青菜。后来居民中开始出现汉族人。当藏族人看到汉族人吃青菜时，不免同情：汉族人吃"草"，吃不起牦牛肉啊！虽然是个笑话，但可以想见当时果洛地区的食物中是没有青菜的，因为太冷，连白菜也种不活。40 年后的今天，白菜和土豆都能在白玉乡种植了，物资越来越丰富，居民生活便利了许多。短期的利益可能导致人们乐于享受它带来的好处，而忽略了一些隐藏的危机，也不去考虑下一个 40 年可能发生什么。

对于藏鹀的长期观察，至少在年措协会的层面，带动一批当地牧民发现了气候变化也许是人力无法阻挡的，人为因素则有可能加速这些变化。

我们竭尽全力地促进更多牧民参与动植物调查的目的也在于此，只有当你了解了这些动植物是如何生存的，才能知道如何去保护它们，才能对其中的人为因素加以反思和约束。

藏鹀分布上限调查

2021 年 6—7 月，年措协会的三名成员参与了藏鹀分布区上限调查。他们分别是查索·普哇杰、端擦·豆盖加和兰·求怎。

我们选择了久治县和班玛县内三条海拔 3700—4800 米的大型河谷，从垭口处开始向低处筛查河谷两侧的冲沟，寻找藏鹀分布的海拔高度上限。调查的结果显示：

1. 垭口附近的区域地势平缓，没有形成冲沟，缺少灌丛，

为不适宜生境。

　　2. 垭口以下，如果没有形成200—300米高差的小型冲沟，为不适宜生境。

　　3. 垭口以下阴面一侧通常全部为灌丛，没有草地，这种生境没有被藏鹀利用。

　　4. 久治县藏鹀分布上限所在的冲沟山峰海拔到达4600米。

　　5. 久治县境内绵延不绝的山峰高度约为4000—4800米，藏鹀利用的冲沟从沟底至山峰海拔跨度为3700—4600米。

班玛县目前排查结果显示，藏鹀分布的冲沟山峰海拔上限为

4500 米 [1]。

△ 图 3-35　年保玉则
年保玉则的冰川面积不断减
退，让人不禁感到担忧

　　调查过程中，我们有一种明显的感受：藏鹀对生境的要求可能导
致它在 100 年内面临极大的危机。有几个需要特别关注的方面，也是
我们未来 3—5 年的工作重点：

　　　1. 植被覆盖率的变动趋势。特别是针对藏鹀沟的灌丛、
草地比例变化，需要加强监测。

　　　2. 针对各大河谷藏鹀分布的上限，还需要更多调查进行
对比。

　　　3. 藏鹀繁殖期对小生境的要求，需要进一步细化数据，
以供遥感分析其潜在的适宜生境。

　　　4. 在遥感分析的基础上，采样核实计算误差率加以矫正，
最后制作分布图。

　　　5. 青海省玉树州、果洛州，甘肃省碌曲县和四川省境内
的藏鹀分布区鸟类群落、植被群落可能存在差异，需要进一

1　班玛县藏鹀调查始于 2021 年 5 月。班玛县最高峰为日格穷山脉的多娘山，海拔 5050 米。目前
排查范围属于日格穷山脉范围内的大型河谷，藏鹀分布上限海拔到达 4500 米。但已完成的范围
有限，有待进一步探查。

步调查分析。

　　6. 需要制定长期监测计划并落实。

　　对藏鹛逐渐深入的观察，让我们学习到，对环境的观察泛泛而为时，是难以察觉问题及其源头的。通过一个物种的研究却能从不同角度发现被忽略的细节。我们在白玉寺后山人为地给藏鹛"保护"了一个家，显然是不成功的。如何和谐共生，在这里似乎应该更多地体现在如何解除藏鹛面临的危机，而不能依赖主观臆测的"保护"。

　　保护藏鹛，从人的角度看，似乎是针对一个非人物种的善意付出，在许多人的理解中是多此一举的，是杞人忧天。但细想，如果没有能力保护一个看似"弱小"的物种，难道就有能力保护我们自身了吗？藏鹛，这个青藏高原独特生境中生存的小型动物，以它狭窄的分布范围向我们揭示着环境变化的潜在危机。也许，白玉乡的居民现在感受到的是过去15年中灌丛区上升80米带来的生活舒适度，但想一想如果100年后藏鹛这个物种灭绝，恐怕波及的层面就绝不只是失去一块草地那么简单了。

　　也许有人会说，气候、环境的变化和物种的灭亡是我们无法阻止的，既然阻止不了，还用得着去保护它们吗？扎西桑俄，这位雪域高

原的守护者，给出了他的答案："如果我的妈妈生病了，可能明天就会死去，那我今天还要照顾她吗？肯定要照顾的。我们的地球也是一样，地球就是我们的母亲，即使明天地球就要爆炸了，今天还是要保护。"

2021年9月4日，本书的初稿完成。被当地藏族人民称为石头山的年保玉则已经白雪皑皑，它周围的群山开始呈现秋天麦穗的颜色，这也是藏鹀引领最后一批幼鸟向山顶转移的时节。在扎拉山口远眺，天空如同一张巨大的桌面，无数座海拔4800—5000米的山峰将它托起。如此恢宏的场景让人不禁想到，以现今藏鹀的分布上限为4600米推算，如果灌丛区域继续快速上移挤压它们的生存空间，也许，藏鹀这个物种能否在地球存续的关键，就在这最后的200米！

△ 图 3-36

白玉寺经堂大门上的藏鹀

在年保玉则地区，珍贵药材暗紫贝母是牧民主要的经济来源之一。藏鹀既是推动本地环境保护工作的关键物种，也是年保玉则地区神鸟。僧人们把藏鹀绘制在白玉寺经堂大门上，藏鹀嘴里衔着暗紫贝母，意寓人与动植物之间相互保护、和谐共生

附 录
藏鹀繁殖地鸟类及青藏高原中国特有种鸟类名录、图鉴

表 4-1　藏鹀繁殖地鸟类名录[1]

中文名	拉丁名	目	科	其他中文名	IUCN受胁等级	国家保护级别	中国特有
高原山鹑	*Perdix hodgsoniae*	鸡形目	雉科		LC		
白腰雨燕	*Apus pacificus*	夜鹰目	雨燕科		LC		
大杜鹃	*Cuculus canorus*	鹃形目	杜鹃科		LC		
胡兀鹫	*Gypaetus barbatus*	鹰形目	鹰科		NT	一级	
高山兀鹫	*Gyps himalayensis*	鹰形目	鹰科		NT	二级	
金雕	*Aquila chrysaetos*	鹰形目	鹰科		LC	一级	
黑鸢	*Milvus migrans*	鹰形目	鹰科	黑耳鸢	LC	二级	
纵纹腹小鸮	*Athene noctua*	鸮形目	鸱鸮科		LC	二级	
红隼	*Falco tinnunculus*	隼形目	隼科		LC	二级	
猎隼	*Falco cherrug*	隼形目	隼科		EN	一级	
灰背伯劳	*Lanius tephronotus*	雀形目	伯劳科		LC		
楔尾伯劳	*Lanius sphenocercus*	雀形目	伯劳科		LC		
红嘴山鸦	*Pyrrhocorax pyrrhocorax*	雀形目	鸦科		LC		
渡鸦	*Corvus corax*	雀形目	鸦科		LC		
白眉山雀	*Poecile superciliosus*	雀形目	山雀科		LC	二级	特

1　2020年6—9月，在青海省果洛藏族自治州久治县白玉乡调查期间记录到的所有鸟种。

中文名	拉丁名	目	科	其他中文名	IUCN受胁等级	国家保护级别	中国特有
地山雀	*Pseudopodoces humilis*	雀形目	山雀科		LC		特
大山雀	*Parus cinereus*	雀形目	山雀科	远东山雀	–		
小云雀	*Alauda gulgula*	雀形目	百灵科		LC		
烟腹毛脚燕	*Delichon dasypus*	雀形目	燕科		LC		
烟柳莺	*Phylloscopus fuligiventer*	雀形目	柳莺科		LC		
华西柳莺	*Phylloscopus occisinensis*	雀形目	柳莺科		–		
花彩雀莺	*Leptopoecile sophiae*	雀形目	长尾山雀科		LC		
河乌	*Cinclus cinclus*	雀形目	河乌科		LC		
棕背黑头鸫	*Turdus kessleri*	雀形目	鸫科		LC		
白须黑胸歌鸲	*Calliope tschebaiewi*	雀形目	鹟科		LC		
白腹短翅鸲	*Luscinia phaenicuroides*	雀形目	鹟科		LC		
蓝额红尾鸲	*Phoenicurus frontalis*	雀形目	鹟科		LC		
赭红尾鸲	*Phoenicurus ochruros*	雀形目	鹟科		LC		
黑喉红尾鸲	*Phoenicurus hodgsoni*	雀形目	鹟科		LC		
黑喉石䳭	*Saxicola maurus*	雀形目	鹟科	东亚石䳭	–		
红喉姬鹟	*Ficedula albicilla*	雀形目	鹟科		LC		
鸲岩鹨	*Prunella rubeculoides*	雀形目	岩鹨科		LC		
棕胸岩鹨	*Prunella strophiata*	雀形目	岩鹨科		LC		
褐岩鹨	*Prunella fulvescens*	雀形目	岩鹨科		LC		
朱鹀	*Urocynchramu spylzowi*	雀形目	朱鹀科		LC	二级	特
麻雀	*Passer montanus*	雀形目	雀科		LC		
褐翅雪雀	*Montifringilla adamsi*	雀形目	雀科		LC		
白腰雪雀	*Onychostruthus taczanowskii*	雀形目	雀科		LC		
棕颈雪雀	*Pyrgilauda ruficollis*	雀形目	雀科		LC		
白鹡鸰	*Motacilla alba*	雀形目	鹡鸰科		LC		
灰鹡鸰	*Motacilla cinerea*	雀形目	鹡鸰科		LC		

中文名	拉丁名	目	科	其他中文名	IUCN受胁等级	国家保护级别	中国特有
田鹨	*Anthus richardi*	雀形目	鹡鸰科	理氏鹨	LC		
树鹨	*Anthus hodgsoni*	雀形目	鹡鸰科		LC		
粉红胸鹨	*Anthus roseatus*	雀形目	鹡鸰科		LC		
普通朱雀	*Carpodacus erythrinus*	雀形目	燕雀科		LC		
拟大朱雀	*Carpodacus rubicilloides*	雀形目	燕雀科		LC		
曙红朱雀	*Carpodacus waltoni*	雀形目	燕雀科		LC		
黄嘴朱顶雀	*Linaria flavirostris*	雀形目	燕雀科		LC		
灰眉岩鹀	*Emberiza godlewskii*	雀形目	鹀科	戈氏岩鹀	LC		
藏鹀	*Emberiza koslowi*	雀形目	鹀科		NT	二级	特

注：

1. 表格中"拉丁名""中文名""目""科"的资料来源于《中国鸟类分类与分布名录（第三版）》（郑光美主编，科学出版社，2017年）。

2. "IUCN受胁等级"来源于 https://www.iucnredlist.org（IUCN世界自然保护联盟濒危物种红色名录，2021年），CR=极危；EN=濒危；VU=易危；NT=近危；LC=无危；DD=数据缺乏。

3. "国家保护级别"来源于《国家重点保护野生动物名录》（国家林业和草原局、农业农村部，2020年）。

图4-1 高原山鹑

图4-2 白腰雨燕

图 4-3　大杜鹃

图 4-4　胡兀鹫

图 4-5　高山兀鹫

图 4-6　金雕

图 4-7　黑鸢

图 4-8　纵纹腹小鸮

图 4-9　红隼

图 4-10　猎隼

图 4-11　灰背伯劳

图 4-12　楔尾伯劳

图 4-13　红嘴山鸦

图 4-14　渡鸦

图 4-15　白眉山雀

图 4-16　地山雀

图 4-17　大山雀

图 4-18　小云雀

图 4-19　烟腹毛脚燕

图 4-20　烟柳莺

藏鹀

图 4-21　华西柳莺

图 4-22　花彩雀莺

图 4-23　河乌

图 4-24　棕背黑头鸫

图 4-25　白须黑胸歌鸲

图 4-26　白腹短翅鸲

图 4-27　蓝额红尾鸲

图 4-28　赭红尾鸲

图 4-29　黑喉红尾鸲

图 4-30　黑喉石鵖

图 4-31　红喉姬鹟

图 4-32　鸲岩鹨

藏
鹀

图 4-33　棕胸岩鹨

图 4-34　褐岩鹨

图 4-35　朱鹀

图 4-36　麻雀

图 4-37　褐翅雪雀

图 4-38　白腰雪雀

图 4-39　棕颈雪雀

图 4-40　白鹡鸰

图 4-41　灰鹡鸰

图 4-42　田鹨（理氏鹨）

图 4-43　树鹨

图 4-44　粉红胸鹨

图 4-45 普通朱雀

图 4-46 拟大朱雀

图 4-47 曙红朱雀

图 4-48 黄嘴朱顶雀

图 4-49 灰眉岩鹀（戈氏岩鹀）

图 4-50 藏鹀

表 4-2　青藏高原中国特有种鸟类名录

中文名	拉丁名	目	科	IUCN受胁等级	国家保护级别
四川山鹧鸪	*Arborophila rufipectus*	鸡形目	雉科	EN	一级
斑尾榛鸡	*Tetrastes sewerzowi*	鸡形目	雉科	NT	一级
红喉雉鹑	*Tetraophasis obscurus*	鸡形目	雉科	LC	一级
黄喉雉鹑	*Tetraophasis szechenyii*	鸡形目	雉科	LC	一级
大石鸡	*Alectoris magna*	鸡形目	雉科	LC	二级
灰胸竹鸡	*Bambusicola thoracicus*	鸡形目	雉科	LC	
绿尾虹雉	*Lophophorus lhuysii*	鸡形目	雉科	VU	一级
白马鸡	*Crossoptilon crossoptilon*	鸡形目	雉科	NT	二级
藏马鸡	*Crossoptilon harmani*	鸡形目	雉科	NT	二级
蓝马鸡	*Crossoptilon auritum*	鸡形目	雉科	LC	二级
红腹锦鸡	*Chrysolophus pictus*	鸡形目	雉科	LC	二级
四川林鸮	*Strix davidi*	鸮形目	鸱鸮科	NR	一级
黑头噪鸦	*Perisoreus internigrans*	雀形目	鸦科	VU	一级
白眉山雀	*Parus superciliosus*	雀形目	山雀科	LC	二级
红腹山雀	*Parus davidi*	雀形目	山雀科	LC	二级
川褐头山雀	*Poecile weigoldicus*	雀形目	山雀科	LC	
地山雀	*Pseudopodoces humilis*	雀形目	山雀科	LC	
甘肃柳莺	*Phylloscopus kansuensis*	雀形目	柳莺科	LC	
银喉长尾山雀	*Aegithalos glaucogularis*	雀形目	长尾山雀科	LC	
银脸长尾山雀	*Aegithalos fuliginosus*	雀形目	长尾山雀科	LC	
凤头雀莺	*Leptopoecile elegans*	雀形目	长尾山雀科	LC	
宝兴鹛雀	*Moupinia poecilotis*	雀形目	莺鹛科	LC	二级
中华雀鹛	*Fulvetta striaticollis*	雀形目	莺鹛科	LC	二级
三趾鸦雀	*Cholornis paradoxus*	雀形目	莺鹛科	LC	二级

中文名	拉丁名	目	科	IUCN 受胁等级	国家保护 级别
白眶鸦雀	*Paradaxomis paradoxus*	雀形目	莺鹛科	LC	二级
暗色鸦雀	*Paradaxomis zappeyi*	雀形目	莺鹛科	VU	二级
灰冠鸦雀	*Sinosuthora przewalskii*	雀形目	莺鹛科	VU	一级
金额雀鹛	*Schoeniparu svariegaticeps*	雀形目	幽鹛科	VU	一级
棕草鹛	*Babax koslowi*	雀形目	噪鹛科	NT	二级
黑额山噪鹛	*Garrulax sukatschewi*	雀形目	噪鹛科	VU	一级
斑背噪鹛	*Garrulax lunulatus*	雀形目	噪鹛科	LC	二级
白点噪鹛	*Garrulax bieti*	雀形目	噪鹛科	VU	一级
大噪鹛	*Garrulax maximus*	雀形目	噪鹛科	LC	二级
山噪鹛	*Garrulax davidi*	雀形目	噪鹛科	LC	
棕噪鹛	*Garrulax berthemyi*	雀形目	噪鹛科	LC	二级
橙翅噪鹛	*Garrulax elliotii*	雀形目	噪鹛科	LC	二级
灰腹噪鹛	*Garrulax henrici*	雀形目	噪鹛科	LC	
灰胸薮鹛	*Liocichla omeiensis*	雀形目	噪鹛科	VU	一级
四川旋木雀	*Certhia tianquanensis*	雀形目	旋木雀科	LC	二级
滇䴓	*Sitta yunnanensis*	雀形目	䴓科	NT	二级
乌鸫	*Turdus mandarinus*	雀形目	鸫科	LC	
宝兴歌鸫	*Turdus mupinensis*	雀形目	鸫科	LC	
贺兰山红尾鸲	*Phoenicurus alaschanicus*	雀形目	鹟科	NT	二级
朱鹀	*Urocynchramu spylzowi*	雀形目	朱鹀科	LC	二级
藏雪雀	*Montifringilla henrici*	雀形目	雀科	LC	
褐头朱雀	*Leucosticte sillemi*	雀形目	燕雀科	DD	二级
藏雀	*Carpodacus roborowskii*	雀形目	燕雀科	LC	二级
斑翅朱雀	*Carpodacus trifasciatus*	雀形目	燕雀科	LC	

中文名	拉丁名	目	科	IUCN 受胁等级	国家保护级别
蓝鹀	*Emberiza siemsseni*	雀形目	鹀科	LC	二级
藏鹀	*Emberiza koslowi*	雀形目	鹀科	NT	二级

注：

1. 表格中"拉丁名""中文名""目""科"的资料来源于《中国鸟类分类与分布名录（第三版）》（郑光美主编，科学出版社，2017 年）。

2. "IUCN 受胁等级"来源于 https://www.iucnredlist.org（IUCN 世界自然保护联盟濒危物种红色名录，2021 年），CR= 极危；EN= 濒危；VU= 易危；NT= 近危；LC= 无危；DD= 数据缺乏。

3. "国家保护级别"来源于《国家重点保护野生动物名录》（国家林业和草原局、农业农村部，2020 年）。

图 4-51　四川山鹧鸪

图 4-52　斑尾榛鸡

图 4-53　红喉雉鹑

图 4-54　黄喉雉鹑

图 4-55　大石鸡

图 4-56　灰胸竹鸡

图 4-57　绿尾虹雉

图 4-58　白马鸡

图 4-59　藏马鸡

图 4-60　蓝马鸡

图 4-61　红腹锦鸡

图 4-62　四川林鸮

图 4-63　黑头噪鸦

图 4-64　白眉山雀

图 4-65　红腹山雀

图 4-66　川褐头山雀

图 4-67　地山雀

图 4-68　甘肃柳莺

图 4-69　银喉长尾山雀

图 4-70　银脸长尾山雀

图 4-71　凤头雀莺

图 4-72　宝兴鹛雀

图 4-73　中华雀鹛

图 4-74　三趾鸦雀

图 4-75　白眶鸦雀

图 4-76　暗色鸦雀

图 4-77　灰冠鸦雀

图 4-78　金额雀鹛

156

图 4-79　棕草鹛

图 4-80　黑额山噪鹛

图 4-81　斑背噪鹛

图 4-82　白点噪鹛

图 4-83　大噪鹛

图 4-84　山噪鹛

图 4-85　棕噪鹛

图 4-86　橙翅噪鹛

图 4-87　灰腹噪鹛

图 4-88　灰胸薮鹛

图 4-89　四川旋木雀

图 4-90　滇鳾

图 4-91　乌鸫

图 4-92　宝兴歌鸫

图 4-93　贺兰山红尾鸲

图 4-94　朱鹀

图 4-95　藏雪雀

图 4-96　褐头朱雀

图 4-97　藏雀

图 4-98　斑翅朱雀

图 4-99　蓝鹀

图 4-100　藏鹀

藏鹀